“十四五”职业教育国家规划教材

Python 程序设计基础教程

主　编◎邵慧娟　孙　健
主　审◎杨禹军
副主编◎王志红　薛董敏　任璇炫　肖　玉　阎　赫

哈爾濱工業大學出版社
HARBIN INSTITUTE OF TECHNOLOGY PRESS

图书在版编目（CIP）数据

Python 程序设计基础教程/邵慧娟，孙健主编．—哈尔滨：哈尔滨工业大学出版社，2018.12（2023.6 重印）
ISBN 978－7－5603－7847－3

Ⅰ．①P… Ⅱ．①邵… ②孙… Ⅲ．①软件工具－程序设计－教材 Ⅳ．①TP311．561

中国版本图书馆 CIP 数据核字（2018）第 275249 号

策划编辑　李艳文　范业婷
责任编辑　刘　瑶
出版发行　哈尔滨工业大学出版社
社　　址　哈尔滨市南岗区复华四道街 10 号　邮编 150006
传　　真　0451－86414749
网　　址　http：//hitpress. hit. edu. cn
印　　刷　三河市德利印刷有限公司
开　　本　850mm×1168mm　1/16　印张 10.5　字数 364 千字
版　　次　2018 年 12 月第 1 版　2023 年 6 月第 10 次印刷
书　　号　ISBN 978－7－5603－7847－3
定　　价　39.80 元

前言

PREFACE

Python是具有跨平台、开源、免费等特点的解释型高级动态编程语言，支持命令式编程、函数式编程，完全支持面向对象程序设计，拥有大量功能强大的内置对象、标准库和扩展库；已经渗透到物联网全栈开发、网络编程、统计分析、移动终端开发、科学计算可视化、逆向工程与软件分析、图形图像处理、人工智能、游戏设计与策划、网站开发、数据爬取与大数据处理、密码学、系统运维、信息处理等各个专业领域，成为当今最具影响力的全栈开发语言。

本书从概念到实践，从简单到复杂，循序渐进，读者既可以按照本书编排的顺序学习，也可以根据自己的需求对某一内容进行针对性的学习。读者即使在没有其他编程语言基础的情况下，也可通过学习本书内容轻松掌握Python的各种编程技术及程序设计思想。本书每个单元都设有知识拓展环节，在掌握Python基本知识的基础上，可进一步拓展读者的知识面。此外，本书以党的二十大精神为指引，融入思政教育，在教学过程中引入课程思政内容及资源，令读者在学习专业知识的同时，领会“科教兴国战略”“文化自信”等党的二十大精神，增强关心国家时政的意识，激发爱国主义情怀。本书适用于高等院校的计算机科学技术、物联网应用技术、计算机网络技术、信息安全、人工智能等信息类专业的教学。

本书主要内容包括：单元1介绍计算机程序设计语言概述、Python开发环境搭建及Python的简单使用；单元2介绍Python程序基本结构、基本输入输出、对象、变量、数字、字符串和运算符等；单元3介绍程序流程控制；单元4介绍序列、列表、元组、字典和集合；单元5介绍函数的定义与调用、参数、变量作用域、嵌套调用与递归调用、lambda表达式和模块；单元6介绍异常处理的基本概念、Python的异常处理语句和自定义异常；单元7介绍文件的分类与文件对象；单元8介绍面向对象技术的基本概念、类与对象、类的继承和方法重写；单元9介绍Socket简介、Socket对象内建方法和Python Internet模块；单元10介绍Python标准库及第三方库。

本书建议学时为 80 课时，根据各学校学习需要和单元学习深入程度可做适当调整，课时分配建议如下：

名称	建议课时
单元 1　初识 Python	4
单元 2　Python 基础知识	8
单元 3　程序流程控制	8
单元 4　Python 序列	16
单元 5　函数	12
单元 6　异常处理	8
单元 7　文件操作	4
单元 8　面向对象程序设计	8
单元 9　网络编程基础	4
单元 10　Python 标准库及第三方库	8
合计	80

本书由牡丹江医学院杨禹军担任主审，由天津电子信息职业技术学院邵慧娟和孙健担任主编，由东莞职业技术学院王志红和肖玉、山西水利职业技术学院薛董敏、广西工商职业技术学院任璇炫、天津开发区中软卓越信息技术有限公司阎赫担任副主编，具体分工如下：邵慧娟编写单元 2 和单元 9；孙健编写单元 3、单元 4 和单元 7；王志红编写单元 5 和单元 6；薛董敏编写单元 8；任璇炫编写单元 1 和单元 10；肖玉负责前期资料的搜集与整理；阎赫提供图片素材及技术指导。

作者在编写本书的过程中参考了大量国内外出版的相关教材和资料，在此向相关作者致以诚挚的谢意。

由于编者水平有限，书中难免存在疏漏之处，敬请广大读者批评指正。

编　者

目录

CONTENTS

目录

目录

目录

单元 1 初识Python

学习目标

知识目标

1. 了解计算机程序设计语言的发展。
2. 了解 Python 语言的发展历程、特点及标准库。
3. 了解 Python 语言的应用领域。

技能目标

1. 能够搭建 Python 开发环境。
2. 能够使用 IDLE 交互式编程模式执行 Python 命令。
3. 能够使用 IDLE 编写. py 程序。

知识脉络图

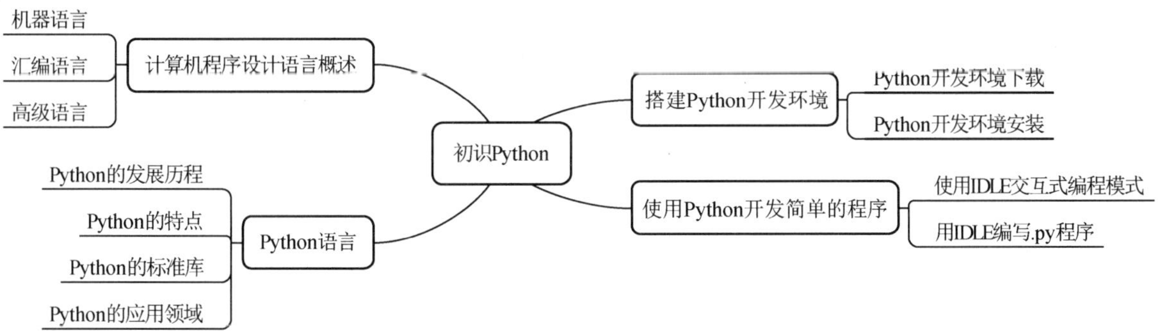

任务 1.1 计算机程序设计语言概述

计算机程序设计语言是人类利用计算机执行指令解决实际问题所使用的一种编程工具。人们在解决实际问题时，先将求解的问题抽象成为数学模型，再用某种程序设计语言将该数学模型表示成计算机可以接受的程序形式，最后由计算机自动化处理，将计算结果反馈给人。

随着计算机科学技术的发展，计算机程序设计语言由机器语言，历经汇编语言，逐渐发展成为高级语言，计算机程序设计语言越来越接近人类自然语言形式。

计算机发明之初，编程人员使用机器语言编写程序，他们要首先熟记所用计算机的全部指令代码和代码的含义。编写程序时，程序员需自己处理每条指令和每一数据的存储分配与输入输出，还要记住编程过程中每步所使用的工作单元处在何种状态。这是一件十分烦琐的工作，编写程序花费的时间往往是实际运行时间的几十倍或几百倍，而且，所编写的程序全是 0 和 1 的指令代码，直观性差，还容易出错。除了计算机生产厂家的专业人员外，绝大多数程序员已经不再去学习机器语言了。

为了减轻使用机器语言编程的痛苦，人们进行了一种有益的改进。用一些简洁的英文字母、符号串来替代一个特定的指令的二进制串，比如，用“ADD”代表加法，“MOV”代表数据传递等，这样一来，人们很容易读懂并理解程序在做什么，纠错及维护都变得方便，这种程序设计语言就称为汇编语言，即第二代计算机语言。然而计算机是不认识这些符号的，这就需要一个专门的程序，专门负责将这些符号翻译成二进制数的机器语言，这种翻译程序被称为汇编程序。汇编语言同样十分依赖于机器硬件，移植性不好，但效率仍十分高。针对计算机特定硬件而编制的汇编语言程序，能准确发挥计算机硬件的功能和特长，程序精练且质量高，所以至今仍是一种常用而强有力的软件开发工具。

从最初与计算机交流的痛苦经历中，人们意识到应该设计一种计算机语言，更加接近于数学语言或人类的自然语言，同时又不依赖于计算机硬件，编出的程序能在所有机器上通用。经过努力，1954 年，第一个完全脱离机器硬件的高级语言——FORTRAN 问世了。此后，有几百种高级语言出现，其中影响较大、使用较普遍的有 Python、Java、C、C++、C# 等。

任务 1.2 Python 语言

Python 是一种跨平台、开源、免费的解释型高级动态编程语言，支持命令式编程、函数式编程，完全支持面向对象程序设计，拥有大量功能强大的内置对象、标准库和扩展库。

Python 已经渗透到计算机科学与技术、统计分析、移动终端开发、科学计算可视化、逆向工程与软件分析、图形图像处理、人工智能、游戏设计与策划、网站开发、数据爬取与大数据处理、密码学、系统运维、音乐编程、计算机辅助教育、医药辅助设计、天文信息处理、化学、生物等几乎所有专业和领域。

思政先锋

在软件开发领域，团结合作的最佳途径就是开源。人人为我，我为人人。软件开源运动的发展，极大地提高了整个人类的工作效率，促进了全社会文明的进步。

1.2.1 Python 的发展历程

Python 的创始人是 Guido van Rossum。1989 年圣诞节期间，在阿姆斯特丹，Guido 为了打发圣诞节的无趣，决心开发一个新的脚本解释程序，作为 ABC 语言的一种继承。之所以选中 Python（大蟒蛇）作为该编程语言的名字，是因为他是一个名叫 Monty Python 的喜剧团体的爱好者。

ABC 是由 Guido 参加设计的一种教学语言。Guido 本人认为 ABC 语言非常优美和强大，是专门为非专业程序员设计的。但是 ABC 语言并没有成功，究其原因，Guido 认为是其非开放性造成的。Guido 决心在 Python 中避免这一问题。同时，他还想实现在 ABC 中闪现过但未曾实现的东西。就这样，Python 在 Guido 手中诞生了。可以说，Python 是从 ABC 发展起来的，主要受到了 Modula－3（另一种相当优美且强大的语言，为小型团体所设计的）的影响，并且结合了 Unix Shell 和 C 语言的习惯。

Python 已经成为最受欢迎的程序设计语言之一。2011 年 1 月，它被 TIOBE 编程语言排行榜评为 2010 年度编程语言。自从 2004 年以后，Python 的使用率呈线性增长。在 2017 年度 IEEE 编程语言排行榜（图 1-1）中，Python 高居首位，其影响力可见一斑。若想详细了解 Python 的发展现状，请访问 Python 官方网站：http://www.python.org。

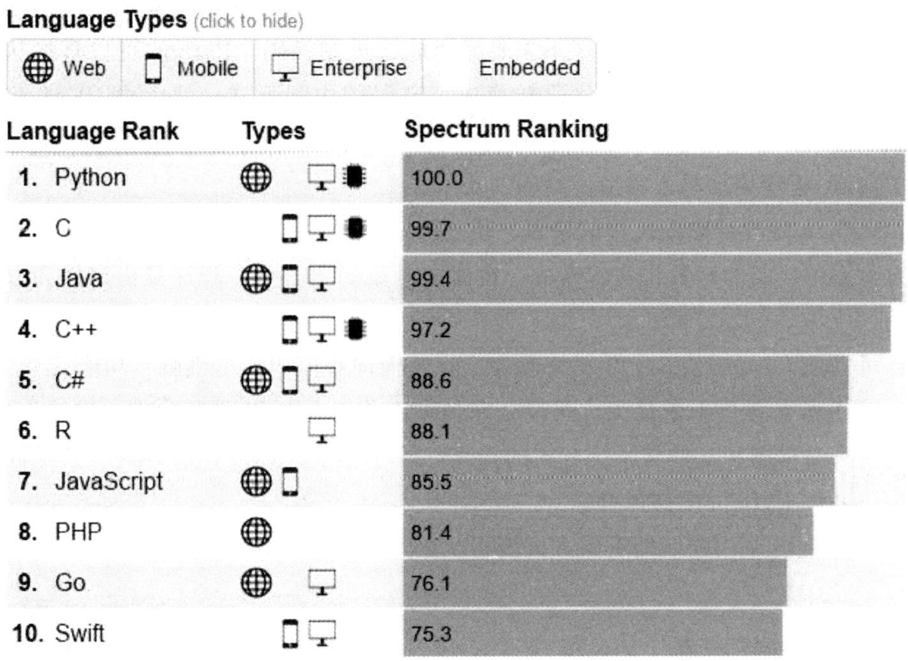

图 1-1 2017 年度 IEEE 编程语言排行榜

与C语言系列和Java语言等相比，Python大幅度降低了学习与使用的难度。Python易学易用，语法简洁清晰，代码可读性强，编程模式非常符合人类的思维方式和习惯。由于Python语言的简洁性、易读性及可扩展性，在国外用Python做科学计算的研究机构日益增多，一些知名大学已经采用Python来教授程序设计课程。例如，卡耐基梅隆大学的编程基础、麻省理工学院的计算机科学及编程导论就使用Python语言讲授。

1.2.2 Python的特点

Python具有以下特点：

简单：Python是一种代表简单主义思想的语言。阅读一个良好的Python程序就感觉像是在读英语一样。它使用户能够专注于解决问题而不是去搞明白语言本身。

易学：Python极容易上手，因为Python有极其简单的说明文档。

速度快：Python的底层是用C语言编写的，很多标准库和第三方库也都是用C语言编写的，运行速度非常快。

免费、开源：Python是FLOSS（自由/开放源码软件）之一。使用者可以自由地发布这个软件的拷贝、阅读Python的源代码、对Python做修改、把它的一部分用于新的自由软件中。FLOSS是基于一个团体分享知识的概念。

高级语言：用Python语言编写程序的时候无须考虑诸如如何管理程序使用的内存一类的底层细节。

可移植性：由于开源的本质，Python已经被移植在许多平台上（经过修改后它能够工作在不同平台上）。这些平台包括Linux、Windows、FreeBSD、Macintosh、Solaris等。

解释性：一个用编译性语言比如C或C++编写的程序可以从源文件（即C或C++语言）转换为机器语言。这个过程通过编译器和不同的标记、选项来完成。运行程序的时候，连接器把程序从硬盘复制到内存中并且运行。而Python写的程序不需要编译成二进制代码。Python可以直接从源代码运行程序。在计算机内部，Python解释器把源代码转换成字节码的中间形式，然后由PVM（Python Virtual Machine，Python虚拟机）逐条将字节码翻译成计算机使用的机器指令并运行，这使得使用Python更加简单，也使得Python程序更加易于移植。

面向对象：Python既支持面向过程的编程，也支持面向对象的编程。在面向过程的语言中，程序是由过程或仅仅是可重用代码的函数构建起来的。在面向对象的语言中，程序是由属性和方法组合而成的对象构建起来的。

可嵌入性：可以把Python嵌入C/C++程序中，从而向程序用户提供脚本功能。

丰富的库：Python标准库非常庞大，可以处理各种工作，包括正则表达式、文档生成、单元测试、线程、数据库、网页浏览器和其他与系统有关的操作。除了标准库以外，还有许多其他高质量的库，如wxPython、Twisted和Python图像库等。

规范的代码：Python采用强制缩进的方式使得代码具有较好可读性。

1.2.3 Python的标准库

Python拥有一个强大的标准库。Python的核心只包含数字、字符串、列表、字典、文件等常见类型和函数，而由 Python 标准库提供系统管理、网络通信、文本处理、数据库接口、图形系统、XML 处理等额外的功能。Python 标准库命名接口清晰、文档齐全，很容易学习和使用。此外，Python 社区提供了大量的第三方模块，使用方式与标准库类似。功能覆盖科学计算、Web 开发、数据库接口、图形系统等多个领域，并且大多成熟而稳定。

Python 标准库的主要功能有：

· 文本处理：包含文本格式化、正则表达式匹配、文本差异计算与合并、Unicode 支持、二进制数据处理等功能。

· 文件处理：包含文件操作、创建临时文件、文件压缩与归档、操作配置文件等功能。

· 操作系统功能，包含线程与进程支持、I/O 复用、日期与时间处理、调用系统函数、写日记（Logging）等功能。

· 网络通信：包含网络套接字、SSL 加密通信、异步网络通信等功能。

· 网络协议：支持 HTTP、FTP、SMTP、POP、IMAP、NNTP、XMLRPC 等多种网络协议，并提供了编写网络服务器的框架。

· W3C 格式支持：包含 HTML、SGML、XML 的处理。

· 其他功能：包括国际化支持、数学运算、HASH、Tkinter 等。

Python 还有很多专用的科学计算扩展库，例如 NumPy、SciPy 和 matplotlib 这 3 个经典的科学计算扩展库，它们分别为 Python 提供了快速数组处理、数值运算以及绘图功能。因此，Python 及其众多的扩展库所构成的开发环境十分适合工程技术、科研人员处理实验数据、制作图表，甚至开发科学计算应用程序。

1.2.4 Python 的应用领域

Python 像胶水一样，可以把多种不同语言编写的程序融合到一起实现无缝拼接，更好地发挥不同语言和工具的优势，满足不同应用领域的需求。

系统编程：提供 API（Application Programming Interface，应用程序编程接口），能方便进行系统维护和管理，是很多系统管理员理想的编程工具。

图形处理：有 PIL、tkinter 等图形库支持，能方便进行图形处理。

数学处理：NumPy 扩展提供大量与许多标准数学库的接口。

文本处理：Python 提供的 re 模块能支持正则表达式，还提供 SGML 和 XML 分析模块，许多程序员利用 Python 进行 XML 程序的开发。

数据库编程：程序员可通过遵循 Python DB-API（数据库应用程序编程接口）规范的模块与 Microsoft SQL Server、Oracle、Sybase、DB2、MySQL、SQLite 等数据库通信。Python 自带一个 Gadfly 模块，提供了一个完整的 SQL 环境。

网络编程：提供丰富的模块支持 Sockets 编程，能方便快速地开发分布式应用程序。

Web 编程：Python 包含标准 Internet 模块，可用于实现各种网络任务。Python 脚本可以通过套接字进行网络通信，编写服务器 CGI 脚本处理客户端表单信息，通过 FTP 传输文件，生成、解析和分析 XML 文件，处理 E-mail，通过 URL 获取网页，从网页中解析 HTML 和 XML，通过 XML-PRC、

SOAP 和 Telnet 通信。

多媒体应用：Python 的 PyOpenGL 模块封装了 OpenGL 应用程序编程接口，能进行二维和三维图像处理。PyGame 模块可用于编写游戏软件。

黑客编程：Python 有一个 hack 的库，内置了现成的用于网络攻防的函数。

任务 1.3 搭建 Python 开发环境

1.3.1 Python 开发环境下载

Python 开发环境搭建过程非常简单，打开 Python 官方网站即可下载 Python 安装程序和源代码，下载地址为 https://www.python.org，如图 1-2 所示。根据自己的操作系统版本选择适合的安装文件，如图 1-3 所示。为了不带入过多的累赘，Python 3.x 在设计的时候没有考虑向下兼容问题。

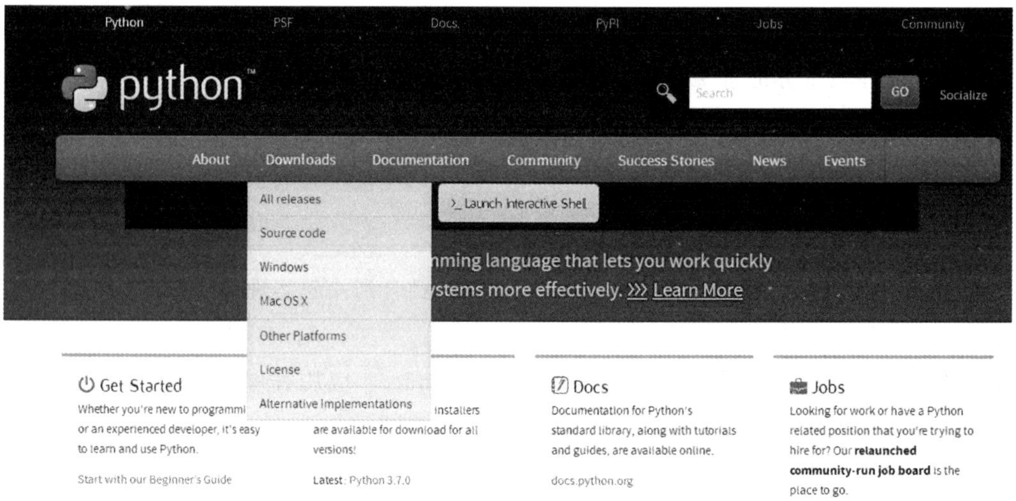

图 1-2 Python 官方网站

图 1-3 Python 安装文件下载列表

1.3.2 Python 开发环境安装

双击安装文件，打开安装向导，如图 1-4 所示。“Install for all users”选项表示是否为全部用户安装 Python，“Install just for me”选项表示只为当前用户安装。若要允许所有用户使用 Python，则选择“Install for all users”，单击“Next”按钮。

Python 开发环境安装

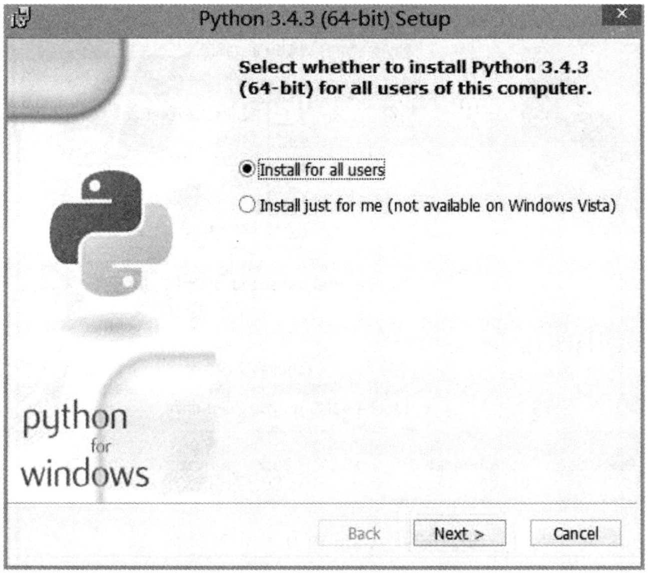

图 1-4 设置 Python 的使用者

在如图 1-5 所示的选择安装目录对话框中，选择 Python 的安装目录，默认安装在 C:\Python34\（也可以根据需要安装在其他硬盘上，如 D:\Python34\），单击“Next”按钮。

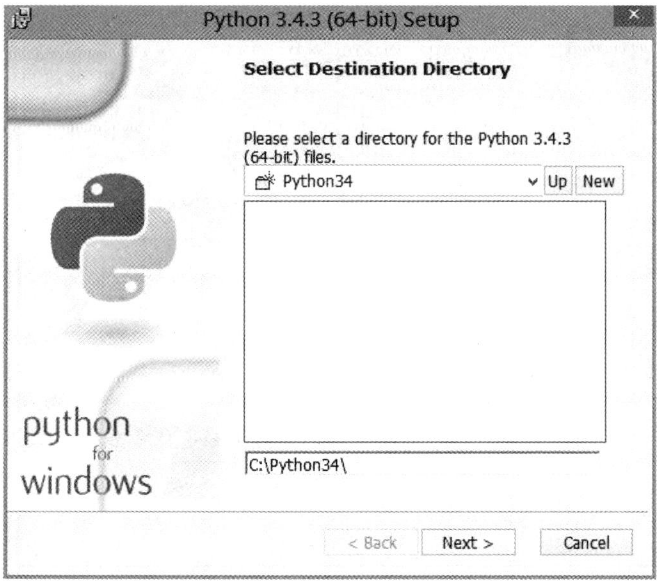

图 1-5 Python 的安装路径

在如图 1-6 所示的 Python 自定义对话框中，选择安装配置选项。向下滑动右侧的滚动条，选择最后一项“Add python. ext to Path”。单击 X ▾ 右侧的黑色三角符号，展开后出现 3 个选项，选择其中第一项“Will be installed on local hard drive”，如图 1-7 所示，点击“Next”按钮。

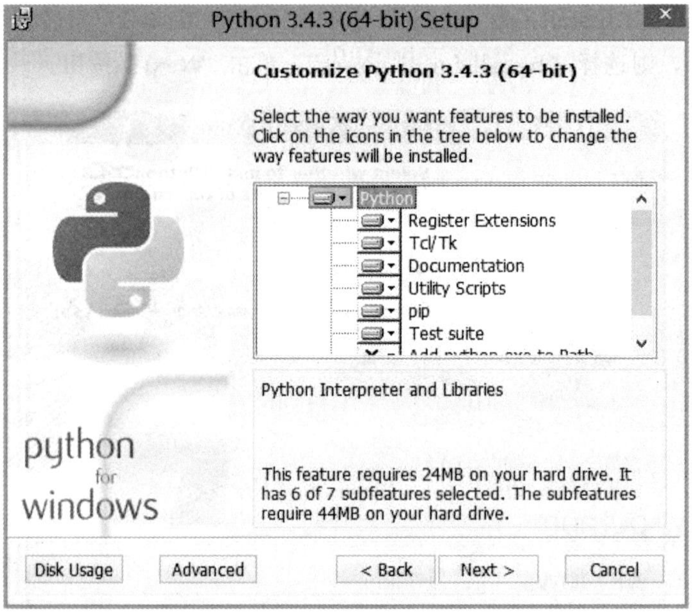

图 1-6　Python 的自定义对话框

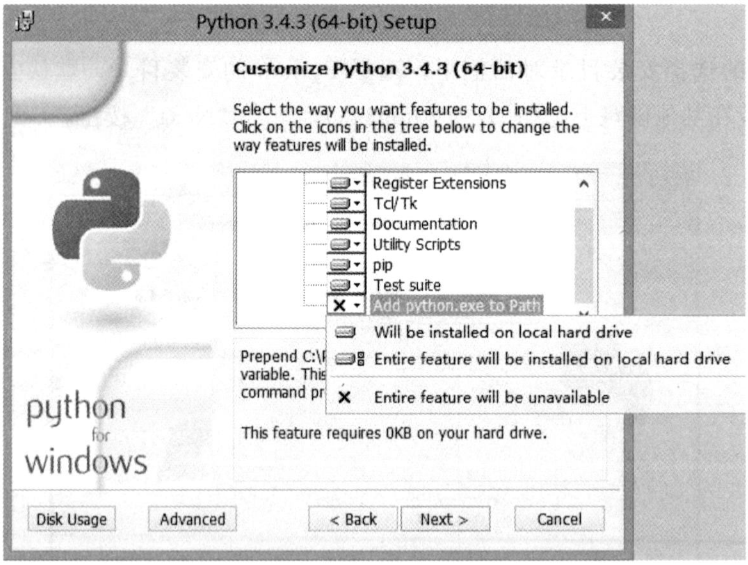

图 1-7　Add Python. ext to Path 的选择界面

安装过程需要一段时间，中间出现的任何界面都不要进行任何操作。成功完成安装后，显示图 1-8 所示对话框，单击"Finish"按钮，安装结束。

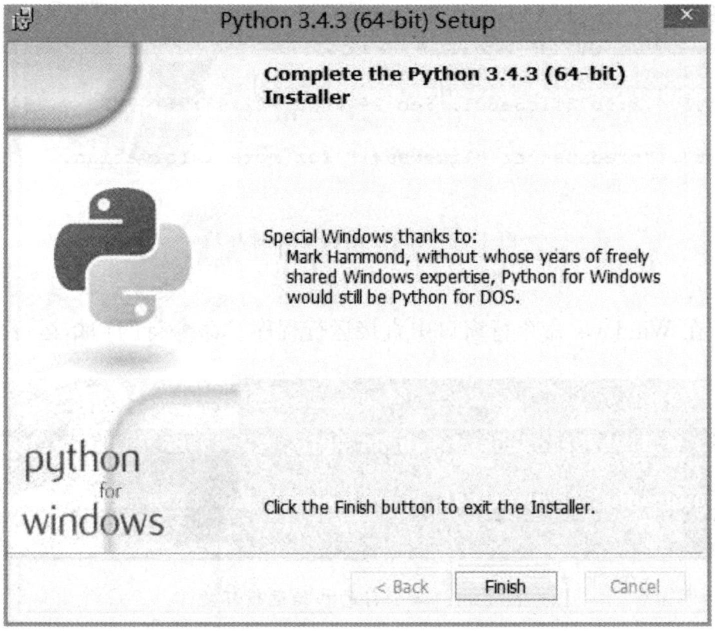

图 1-8 结束界面

程序安装完成后，单击任务栏上的开始按钮，光标放在"所有程序"上方，滑动右侧的滚动条，找到 Python 3.4 这一项，单击后展开 5 项内容，分别为：

IDLE（Python 3.4 GUI）：用于打开 Python 集成开发环境 IDLE。

Python 3.4（Command line）：用于打开 Python 命令行工具，等同于在 Windows 命令行窗口中执行 Python.exe。

Python 3.4 Docs Server（pydoc）：用于打开 HTML 版的 Python 参考文档。

Python 3.4 Manuals：用于打开 chm 格式的 Python3.4 手册。

Uninstall Python 3.4：用于卸载系统中的 Python 程序。

可以将前两项发送到桌面，建立桌面快捷方式，方法为：选中第一项 IDLE（Python 3.4 GUI），单击右键，选择"发送到" | "桌面快捷方式"。同理，选中第一项 Python 3.4（Command line－32bit），单击右键，选择"发送到" | "桌面快捷方式"，如图 1-9 所示。

图 1-9 桌面快捷方式

IDLE 使用不同的颜色来表示关键字、常量、字符串等，以方便用户进行区分。IDLE 的初始运行环境（即 Python 的交互式编程模式）如图 1-10 所示。

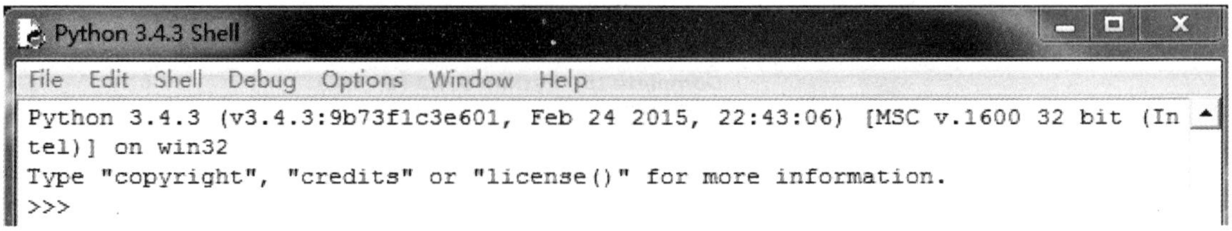

图 1-10　IDLE 的初始运行环境

此外，Python 可以在 Windows 命令行窗口中直接运行程序。命令行的初始运行环境如图 1-11 所示。

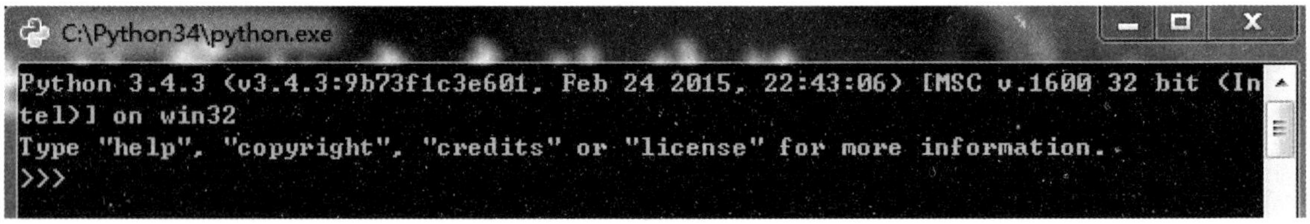

图 1-11　命令行的初始运行环境

两种运行环境基本相同，只有一些小差别。当数据量比较大时，IDLE 执行速度慢一些，命令行执行速度快一些。

任务 1.4　使用 Python 开发简单的程序

本书所有示例均在 Windows 平台上使用 Python 3.4.3 进行演示。开发环境搭建完成以后，默认以 IDLE 为本书示例开发环境。

IDLE 为开发人员提供了许多有用的特性，如单词自动补全、语法高亮显示、命令历史等。这些功能可以有效地提高编程人员的开发效率。

IDLE 支持自动补全功能，在对象变量名称后输入“.”时，会自动显示该对象的属性和方法下拉列表，输入属性或方法名称的前几个字符，列表可自动筛选。用方向键从列表中选择需要的属性或方法，选中后按空格键完成输入。命令历史可以记录会话期间在命令行中执行过的所有命令。

语法高亮显示就是代码不同的元素使用不同的颜色进行显示，关于这一点，从本书的示例程序中都可以看到。默认时，关键字显示为橘红色，注释显示为红色，字符串为绿色，定义和解释器的输出显示为蓝色，控制台输出显示为棕色。在键入代码时，会自动应用这些颜色突出显示。语法高亮显示的好处是，可以更容易区分不同的语法元素，从而提高可读性。与此同时，语法高亮显示还降低了出错的可能性。例如，如果输入的变量名显示为橘红色，说明该名称与预留的关键字冲突，必须给变量更换名称。

在提示符下，可以按 Alt+P 组合键找回这些命令，每按一次，IDLE 就会从最近的命令开始检索命令历史，按命令使用的顺序逐个显示。按 Alt+N 组合键，则可以反方向遍历各个命令，即从最初的命令开始遍历。

1.4.1 使用 IDLE 交互式编程模式

如果使用 IDLE 交互式编程模式，那么直接在 IDLE 提示符>>>后面输入 Python 的命令并按回车键执行即可。如果执行顺利，直接就可以看到执行结果，否则会抛出异常。

示例代码如下：

使用 IDLE 交互式编程模式

```
>>> print ("Hello World!" )
Hello World!
>>> 2 + 3
5
>>> 4 *(1 + 6)
28
>>> 2/0
Traceback (most recent call last):
  File "<pyshell#2>", line 1, in <module>
    2/0
ZeroDivisionError: division by zero
>>> import math
>>> math.sqrt (9)
3.0
```

语句解释：

（1）“>>>”为 IDLE 的提示符，后面输入相应的命令，如：print（"Hello World!"），按回车键执行，结果打印出字符串 Hello World!。

（2）提示符后输入 2+3，按回车键执行，显示执行结果 5，+（加）、-（减）、*（乘）、/（除）四则混合运算都可以直接计算出结果。

（3）提示符后输入 2/0，但 0 不能做除数，所以抛出异常，显示错误 ZeroDivisionError，根据错误提示修改程序。所有的错误提示均显示为红色。

（4）提示符后输入 import math 导入数学模块，其中 import 显示为橙色。

（5）提示符后输入 math.sqrt（9），以“模块名.对象名”的方式访问，对 9 进行开方操作（即求 9 的平方根）。

1.4.2 用 IDLE 编写 .py 程序

利用 IDLE 还可以编写 .py 程序，将 Python 命令写到一个文件里，并运行出结果。

1. 创建 Python 程序

在 IDLE 交互式解释器中，选择“File”菜单中的“New File”菜单项，启动 IDLE 编辑器创建新的 . py 文件，如图 1-12 所示。

用 IDLE 编写 . py 程序

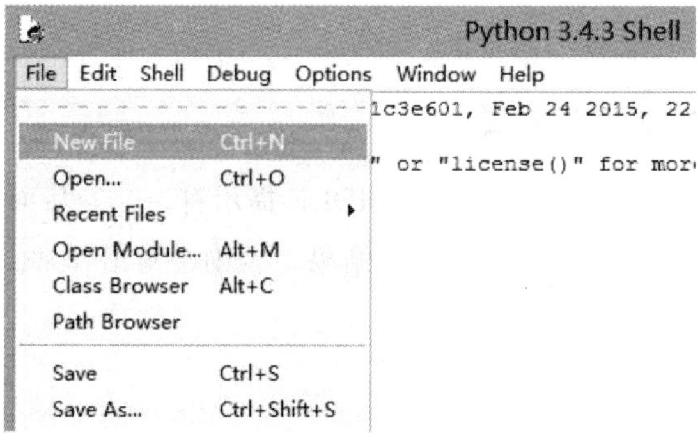

图 1-12　创建新的 . py 文件

2. 编写 Python 程序

将要执行的 Python 代码写到新建的 . py 文件中。编写完成后，选择“File”菜单中的“Save”菜单项，保存所编写的程序，文件扩展名默认为 . py，如图 1-13 所示。

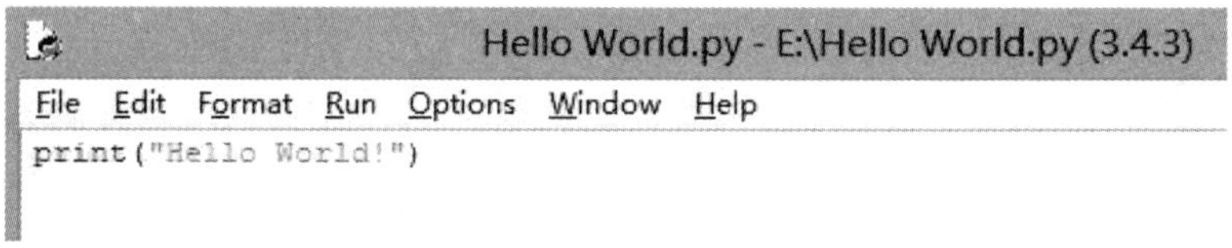

图 1-13　编写 Python 程序

3. 运行 Python 程序

选择“Run”菜单中的“Run Module”菜单项，运行编写好的 Python 程序，如图 1-14 所示。程序运行结果显示在 IDLE 交互式解释器窗口中，如图 1-15 所示。

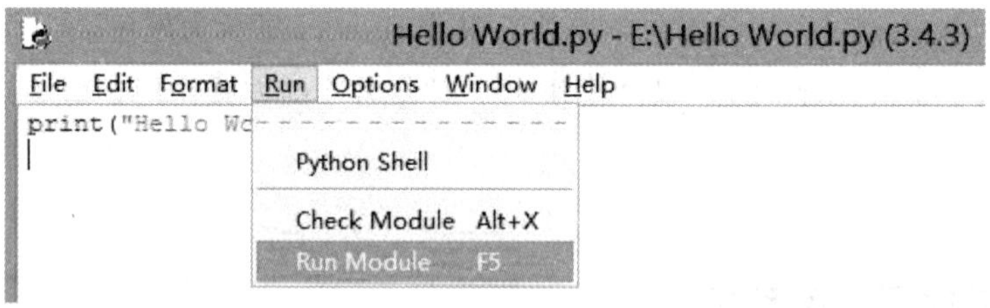

图 1-14　运行 Python 程序

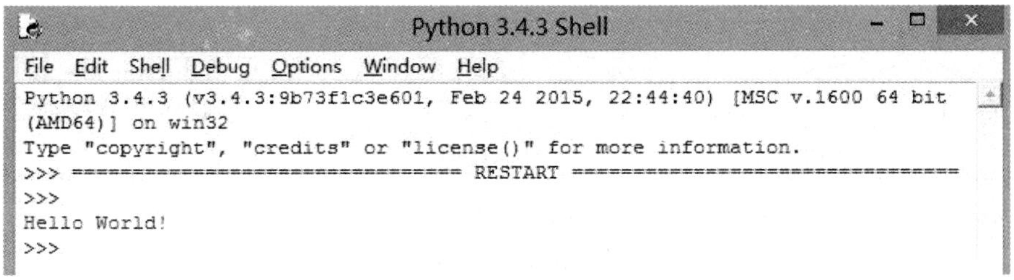

图 1-15　Python 程序运行结果

知识拓展

Python 的常见开发工具

在学习 Python 程序设计的过程中经常用到集成开发环境或者代码编辑器，想要提高开发速度和效率，一款好的开发工具是必不可少的。除了 IDLE，下面介绍几款实用的 Python 开发工具。

1. Eclipse with PyDev

Eclipse 是非常流行的 IDE。Eclipse＋Pydev 允许开发者创建交互式的 Web 应用。PyDev 是 Eclipse 开发 Python 的 IDE，支持 Python、Jython 和 IronPython 的开发。

2. PyCharm

带有一整套可以帮助用户在使用 Python 开发时提高其效率的工具，比如调试、语法高亮、Project 管理、代码跳转、智能提示、自动完成、单元测试及版本控制。此外，该 IDE 提供了一些高级功能，用于支持 Google App Engine 和 Django 框架下的专业 Web 开发。

3. PyScripter

PyScripter 是一个使用 Delphi 开发的开源的 Python 语言集成开发环境，发布于 MIT 协议之下，具有语法高亮、语法自动补全、文法检查和断点调试等功能。

4. The Eric Python IDE

Eric 是一款全功能的 Python 编辑器及集成开发环境 IDE，是用 Python 编写的。Eric 基于跨平台的 GUI 工具包 Qt，集成了高度灵活的 Scintilla 编辑器控件。Eric 包括一个插件系统，允许简单地对 IDE 进行功能性扩展。

5. Jupyter Notebook

Jupyter Notebook 是一个交互式笔记本，支持运行 40 多种编程语言。Jupyter Notebook 的本质是一个 Web 应用程序，便于创建和共享程序文档，支持实时代码、数学方程，可视化和 markdown。用途包括：数据清理和转换，数值模拟，统计建模，机器学习等。

思考与练习

1. Python 是一门________、________、________的解释型高级动态编程语言，支持________式编程、________式编程，完全支持面向________程序设计，拥有大量功能强大的内置对象、标准库和扩展库。
2. 以________开始，表示本行之后的内容为注释。
3. Python 的变量在使用之前是否要进行声明?
4. 在 IDLE 交互式解释器中，执行 Python 命令输出下列结果。

```
Hello World!
Hello World!
Hello World!
```

5. 编写 Python 程序，实现下列输出结果。

```
Hello World!
Hello World!
Hello World!
Hello World!
```

单元2 Python基础知识

学习目标

知识目标

1. 了解 Python 程序缩进、语言分隔和代码注释。
2. 掌握 Python 的基本输入和输出。
3. 掌握 Python 变量、数字、字符串和运算符。

技能目标

1. 能够熟悉并规范程序的基本结构。
2. 能够运用基础知识看懂并分析简单小程序。

知识脉络图

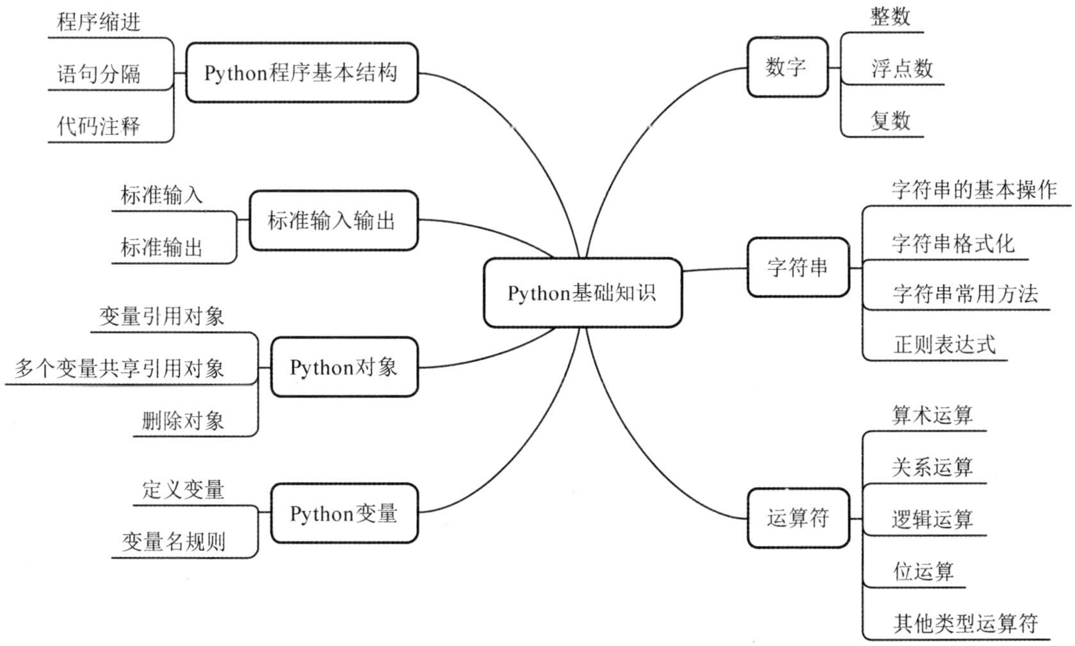

任务 2.1 Python 程序基本结构

2.1.1 程序缩进

在 Java、C/C++等语言中，代码块用花括号表示，Java 代码如下：

```
for (int x = 1; x<100; x++)
{
    if (x%2==0)
        {sum += x;}
}
System.out.println (sum);
```

Python 使用缩进来表示代码块，语句末尾的冒号表示代码块的开始。在 if、while、for、函数和类的定义都需要用到代码块，Python 代码如下所示：

```
sum = 0
for x in range (1, 100):
    if x%2==0:
        sum = sum + x
print (sum)
```

在程序中使用嵌套结构时，应注意同一级别的代码块缩进量应保持一致。

2.1.2 语句分隔

通常，Python 语句不需要像 Java、C/C++等语言一样用分号结尾。但是如果将多条语句写在一行，则需要使用分号分隔语句，示例代码如下：

```
>>> x = 8; print (x)
8
```

如果冒号后面的语句块只有一条语句，Python 允许将语句写在冒号之后。冒号后面也可以用分号分隔多条语句。

```
score = 80
if score>=60: s='及格'; print (s)
else: s='不及格'; print (s)
```

2.1.3 代码注释

注释对于程序理解和团队合作开发具有非常重要的意义。据统计，一个可维护性和可读性都很强的程序一般会包含30%以上的注释。Python中常用的注释方式主要有两种，即单行注释（#）和多行注释（'''）。

示例代码如下：

```
>>> x = 3        #创建整型变量x
>>> print (x * * 2)
9
```

语句解释：

以符号#开始，表示本行#之后的内容为注释。

任务 2.2 标准输入输出

在Python中，使用内置函数input（）来接收用户的键盘输入，input（）函数的一般用法为：

x=input（'提示:'）　　　#该函数返回用户输入的对象

不论用户输入数据时使用什么界定符，input（）函数的返回结果都是字符串，需要将其转换为相应的类型再处理。

Python 3.x中使用print（）函数输出。默认情况下Python将结果输出到IDLE或者标准控制台，在输出时也可以重定向。

例如：用户从键盘输入一个字符串，在屏幕上输出该字符串。

示例代码如下：

```
>>> str = input ("请输入你的姓名:" )
请输入你的姓名：李晓明
>>> print ("你输入的内容是:", str)
你输入的内容是：李晓明
```

语句解释：

（1）“>>>”为IDLE的提示符，后面输入相应的命令，如：str=input（"请输入你的姓名:"），其中input（）用来接收用户的键盘输入，按回车键执行。

（2）显示提示信息：请输入你的姓名:，用户输入字符串李晓明，按回车键执行，李晓明即为用户从键盘的输入数据。

（3）提示符后输入print（"你输入的内容是:"，str），其中print（）为函数输出，str为用户刚才从键盘输入的字符串，按回车键执行。

（4）显示信息：你输入的内容是：李晓明，完成程序的执行。

例如：用户从键盘输入两个整数，输出两个整数的和及两个整数的整商。

示例代码如下：

```
>>> x = input ("请输入第一个整数:" )
```

```
请输入第一个整数：3
>>> y = input ("请输入第二个整数：")
请输入第二个整数：5
>>> sum = int (x) + int (y)
>>> sum
8
>>> print ("两个整数的和为:", sum)
两个整数的和为：8
>>> z = int (x) //int (y)
>>> z
0
>>> print ("两个整数的整商为:", z)
两个整数的整商为：0
```

语句解释：

（1）执行完语句 x=input（"请输入第一个整数："）之后，x 的类型为字符串，即为'3'。

（2）执行完语句 y=input（"请输入第二个整数："）之后，y 的类型为字符串，即为'5'。

（3）不论用户输入数据时使用什么界定符，input（）函数的返回结果都是字符串，需要将其转换为相应的类型 int（整数）再处理。

（4）x 为字符串'3'，int（x）将字符串'3'转换为整数；同理，y 为字符串'5'，int（y）将字符串'5'转换为整数。全部转换完毕，再进行求和及整商运算。

思政先锋

输入/输出函数有严格的格式要求，在输入前先输出提示信息，大家会逐渐养成严于律己、宽以待人的处事原则。通过不断的知识积累和输入，为将来的输出和奉献做积极的储备。

任务 2.3 Python 对象

对象是 Python 中基本的概念之一，Python 中的一切都是对象。Python 中有许多内置对象可供编程者直接使用，常见的对象类型如数字、字符串、列表、元组、字典、集合、文件、布尔型、空类型、编程单元类型（函数和类）等。

2.3.1 变量引用对象

在 Python 中，变量与对象的关系体现在引用上，所谓变量引用对象就是建立变量到对象的连接。

变量是由赋值语句创建的，而且是在第一次给这个变量赋值时创建变量，创建对象的同时也建立了变量对对象的引用。

变量有自己的存储空间，变量引用对象是该变量存储了对象的内存地址，而不是对象的值。但变量在进行运算和输出时，自动使用所引用的对象的值。当再次给同一变量

Python 对象

赋值时，则改变的是该变量的引用。示例代码如下：

```
>>> x=5
>>> x=[1, 2, 3, 4, 5]
>>> x='XYZ'
```

其中第一条是首次对变量 x 赋值，则第一条语句是创建变量 x，创建整数 5 并建立变量 x 对整数对象 5 的引用。第二条和第三条语句则是改变变量 x 的引用。因此，说明同一变量可以引用不同类型的对象，对象是有类型的，而变量是没有类型的。

2.3.2 多个变量共享引用对象

共享引用是指多个变量都引用同一对象。示例代码如下：

```
>>> x=5
>>> y=x
>>> print (x, y)
5 5
>>> x=6
>>> print (x, y)
6 5
```

y=x 语句实际执行 y=5，与变量 x 同时引用整数对象 5，实际执行的是 print（5，5）。变量 x 引用新的对象 6，这里并不影响 y 的引用，实际执行的是 print（6，5）。从上面的代码可以看出，将变量赋值给另一个变量时，将会使两个变量引用同一个对象。给变量赋新值时，会使变量引用新的对象，原来的引用被删除。

当变量共享引用时，如果修改了被引用的对象，意味着所有引用对象的变量获得的将是改变之后的对象的值。示例代码如下：

```
>>> x=[1, 3, 5]
>>> y=x
>>> x
[1, 3, 5]
>>> y
[1, 3, 5]
>>> x[0] =5
>>> x
[5, 3, 5]
>>> y
[5, 3, 5]
```

y=x 语句使 y 和 x 引用同一个列表对象［1，3，5］，y 的输出结果与 x 的输出结果相同。通过变量 x 修改列表对象的第一项，得到的 x 和 y 都为修改后的列表。

2.3.3 删除对象

在 Python 中，用 del 语句删除对象，并释放对象所占用的资源。示例代码如下：

```
>>> x=[1, 3, 5]
>>> del x[2]
```

```
>>> x
[1, 3]
>>> x = 1
>>> x
1
>>> del x
>>> x
Traceback (most recent call last):
  File "<pyshell#6>", line 1, in <module>
    x
NameError: name 'x' is not defined
```

任务 2.4　Python 变量

在 Python 中，不需要事先声明变量名及其类型，直接赋值即可创建各种类型的变量。示例代码如下：

```
>>> x = 5
```

创建了整型变量 x，并赋值为 5。

再如如下语句，示例代码如下：

```
>>> y = 'Hello world! '
```

创建了字符串变量 y，并赋值为"Hello　world!"。这一点适用于 Python 任意类型的对象。

Python 具有自动内存管理功能，会跟踪所有的值，程序员一般情况下不需要太多考虑内存管理的问题。但是，显式使用 del 命令删除不需要的值或显式关闭不再需要访问的资源是一个好习惯，同时也是一个优秀程序员的基本素养之一。

定义变量名时，需要注意如下问题：

(1) 变量名必须以字母或下划线开头，但以下划线开头的变量在 Python 中有特殊含义。

(2) 变量名中不能有空格以及标点符号（如括号、引号、逗号、斜线、反斜线、冒号、句号、问号、点号等）。

(3) 不能使用关键字作为变量名。Python 常见关键字见表 2-1。

表 2-1　Python 常见关键字

False	True	None	and	as	assert	break
class	continue	def	del	elif	else	finally
except	for	from	global	if	import	in
is	lambda	nonlocal	not	or	pass	raise
return	try	while	with	yield		

(4) 不建议使用系统内置的模块名、类型名或函数名以及已导入的模块名及其成员名作为变量名，这将会改变其类型和含义。

(5) 变量名区分英文字母的大小写，例如 apple 和 Apple 是不同的变量。

思政先锋

从变量的命名规则中，我们发现无规矩不成方圆。变量的命名必须符合要求，而我们在学习和工作岗位中也一定要遵守相应的制度与规定，并约束和指导自己的行为，提升自身的职业素养。

任务 2.5 数字

数字属于 Python 不可变对象，在 Python 中，数字类型变量可以表示任意大的数值。

示例代码如下：

```
>>> a = 888888888888888888888888
>>> a*a
790123456790123456790121876543209876543209876544
>>> a**3
702331961591220850480107632373113854595336076819665294924554183813443072
```

语句解释：

代码中的 a 为变量，用户赋予它任意大的数值。

如果用户愿意，完全可以把 IDLE 当作计算器来使用，IDLE 可以实现复杂的数学运算。

示例代码如下：

```
>>> 4*(11+38)/7.0
28.0
>>> import math
>>> math.sqrt(3**2+4**2)
5.0
```

语句解释：

(1) 提示符后输入 4*(11+38)/7.0，进行混合运算，按回车键执行。

(2) math 是 Python 标准库，其中包含大量用于数学计算的函数。

(3) sqrt() 为 math 下进行平方根的函数。

Python 数值类型主要有整数、浮点数和复数。

2.5.1 整数

整数类型主要如下：

(1) 十进制整数，合法数字 0、1、2、3、4、5、6、7、8、9，共 10 个数字，包含正整数、负整数和零。如 8、−5、0、365。

（2）十六进制整数，合法数字 0、1、2、3、4、5、6、7、8、9、a、b、c、d、e、f，共 16 个数字，必须以 0x 开头，如 0xaf、0x100、0xabcd，非法的 16 进制整数为 0xok（其中 o 和 k 都不是合法的数字）、ox15（应以 0x 开头，而不是以 ox 开头）。

（3）八进制整数，合法数字 0、1、2、3、4、5、6、7，共 8 个数字，必须以 0o 开头，如 0o513、0o12，非法的八进制整数为 0o586（其中数字 8 为非法数字）、0oaf（混淆了八进制和十六进制整数，或者说 a、f 为非法数字）。

（4）二进制整数，合法数字 0、1，共 2 个数字，必须以 0b 开头，如 0b110、0b101。

进制也就是进制位，对于接触过计算机的人来说应该都不陌生，我们常用的进制包括：二进制、八进制、十进制、十六进制，它们之间的区别在于数运算时是逢几进一位。比如二进制是逢 2 进一位，十进制也就是我们常用的 0～9，是逢 10 进一位。现在主要针对二（八、十六）进制与十进制之间的转换加以讨论（只讲整数）。

思政先锋

春秋战国时期，我国古人就已经熟练地使用十进制位制的算筹计数法。我国运用十进制的历史比世界上第二个发明十进制的国家——古代印度早约 1 000 年。习近平总书记在党的二十大报告中指出："我们必须坚定历史自信、文化自信，坚持古为今用、推陈出新"。因此，我们在新时代要延续古圣先贤的智慧，再创辉煌，实现伟大复兴的中国梦。

1. 二进制与十进制之间的转换

进制转换

（1）十进制转换为二进制。

具体方法为十进制数除 2，余数为权位上的数，得到的商值继续除 2，依次按图 2-1 所示步骤继续向下运算直到商为 0 为止。

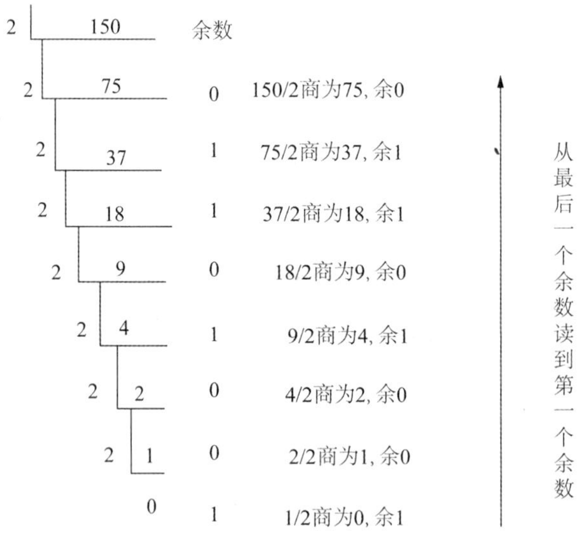

图 2-1　十进制转换为二进制

150 的二进制数就是 10010110。

（2）二进制转换为十进制。

具体方法如图 2-2 所示，把二进制数按权展开，相加即得十进制数。

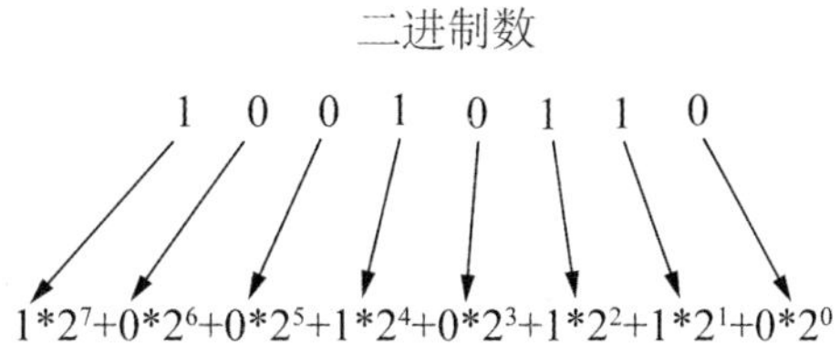

图 2-2　二进制转换为十进制

2. 八进制与十进制之间的转换

（1）十进制转换为八进制。

具体方法为十进制数除 8，余数为权位上的数，得到的商值继续除 8，依次按图 2-3 所示步骤继续向下运算直到商为 0 为止。

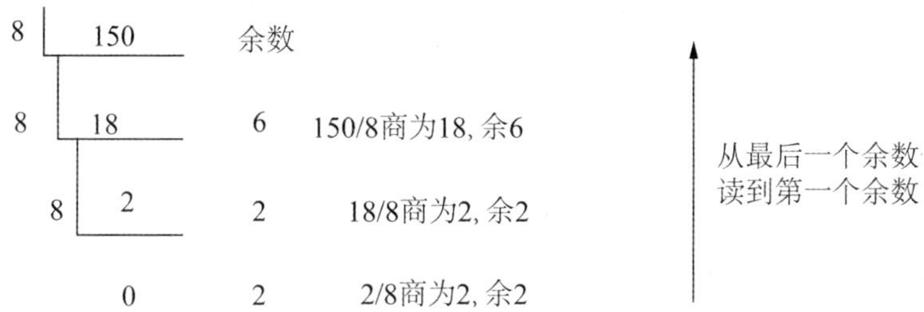

图 2-3　十进制转换为八进制

150 的八进制数就是 226。

（2）八进制转换为十进制。

具体方法如图 2-4 所示，把八进制数按权展开，相加即得十进制数。

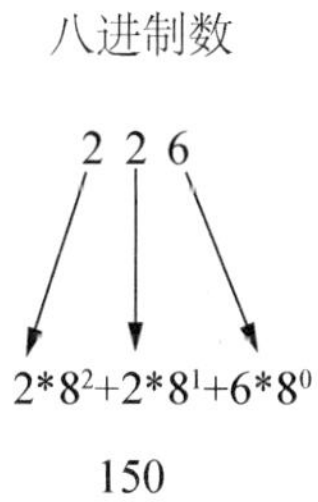

图 2-4　八进制转换为十进制

3. 十六进制与十进制之间的转换

（1）十进制转换为十六进制。

具体方法如图 2-5 所示，十进制数除 16，余数为权位上的数，得到的商值继续除 16，依次按图 2-5 所示步骤继续向下运算直到商为 0 为止。

图 2-5　十进制转换为十六进制

150 的十六进制数就是 96。

（2）十六进制转换为十进制。

具体方法如图 2-6 所示，把十六进制数按权展开，相加即得十进制数。

十六进制数

96

$9*16^1+6*16^0$

150

图 2-6　八进制转换为十进制

2.5.2　浮点数

在 Python 中，浮点数可以表示为 0.01、2.0、3.、.234、1.234、3.2E8 等。浮点数用 64 位存储，表达数据的范围为－1.7E＋308～1.7E＋308，提供大约 15 位的数据精度。

2.5.3　复数

复数是数学中的概念，是由实部和虚部组成的数，例如 1＋2j、2.3＋4.5j 等。利用 Python 可以表示复数并进行复数运算。示例代码如下：

```
>>> x = 1 + 2j
>>> y = 2.3 + 4.5j
>>> x + y
(3.3 + 6.5j)
>>> x.real
1.0
>>> y.imag
4.5
>>> isinstance (x, complex)
True
```

任务 2.6　字符串

在 Python 中，字符串属于不可变序列，一般使用单引号、双引号或三引号进行界定，并且单引号、双引号、三单引号、三双引号还可以互相嵌套，用来表示复杂字符串。以下字符串都是合法的，例如：

''、""为空字符串，即一对不包含任何内容的任意字符串界定符。

```
'386'、'NBA'、'boy'、'世界和平'
'Park'
'Mike said,'Let's go''
```

一对三单引号或三双引号表示的字符串支持换行，支持排版格式较为复杂的字符串，也可以在程序中表示较长的注释。

字符串支持使用"+"运算符进行合并以生成新的字符串。

示例代码如下：

```
>>> s='ABC'+'123'
>>> s
'ABC123'
>>> s2='$ $'+'NBA'+'$ $'
>>> s2
'$ $NBA$ $'
>>> s3='  $ $  '+'NBA'+'  $ $  '
>>> s3
'  $ $  NBA  $ $  '
```

可以对字符串进行格式化，把其他类型对象按格式要求转换为字符串，并返回结果字符串。

示例代码如下：

```
>>> b=3.1415926
>>> '%6.2f'%b
'3.14'
>>> "%d:%c"%(65,65)
'65:A'
>>> """My name is %s, and my age is %d"""%('Li Xiaoming',18)
'My name is Li Xiaoming, and my age is 18'
>>> """我的名字是%s，年龄%d周岁"""%('李小明',18)
'我的名字是李小明，年龄18周岁'
```

语句解释：

其中的65为对应字符的Unicode编码。Python 3.x支持Unicode编码。

2.6.1 字符串的基本操作

Python 3.x完全支持中文，无论是一个数字、英文字母，还是一个汉字，都按一个字符对待和处理。

示例代码如下：

```
>>> s='中国天津'
>>> s
'中国天津'
>>> y='China-Tianjin'
>>> y
'China-Tianjin'
```

```
>>> m='中国天津 China-Tianjin'
>>> m
'中国天津 China-Tianjin'
```

语句解释：

其中 s、y、m 为不同类型的字符串变量，所有涉及的中文、数字、英文字母和特殊符号都按照一个字符对待。

Python 3.x 可以使用中文作为变量名。

示例代码如下：

```
>>> 籍贯='天津'
>>> 星座='金牛座'
>>> print (籍贯)
天津
>>> print (星座)
金牛座
```

语句解释：

其中的籍贯、星座分别为中文变量名；print () 为从屏幕上输出内容。

Python 支持字符串驻留机制，即对于短字符串，当将其赋值给多个不同的对象时，内存中只有一个副本，多个对象共享该副本。

示例代码如下：

```
>>> x='my'
>>> y='my'
>>> id (x)
36224608
>>> id (y)
36224608
>>> id (x) == id (y)
True
```

语句解释：

其中内置函数 id () 用来返回变量所指值的内存地址。

长字符串不遵守驻留机制。

示例代码如下：

```
>>> m='you'*20
>>> n='you'*20
>>> id (m)
36107944
>>> id (n)
36109176
>>> id (m) == id (n)
False
```

语句解释：

m='you'*20 表示对字符串 you 重复 20 次，所以 m 为长字符串。

* 运算符是 Python 运算符中比较特殊的一个，它不仅可以用于数值乘法，还可以用于列表、字符串、元组等类型，当列表、字符串或元组等类型变量与整数进行 * 运算时，表示对内容进行重复并返回重复后的新对象。

示例代码如下：

```
>>> 4*5
20
>>> 3.1*7
21.7
>>> 'a'*6
'aaaaaa'
>>> '8'*5
'88888'
>>> [3, 6, 9] *2
[3, 6, 9, 3, 6, 9]
>>> (2, 4, 6) *4
(2, 4, 6, 2, 4, 6, 2, 4, 6, 2, 4, 6)
```

语句解释：

其中 4 为整数，3.1 为小数，'a'为字符串，'8'为字符串，[3, 6, 9] 为列表，(2, 4, 6) 为元组。

2.6.2 字符串格式化

如果需要将其他类型数据转换为字符串或另一种数字格式，或者嵌入其他字符串中再进行输出，就需要用到字符串格式化。Python 中字符串格式化的格式为

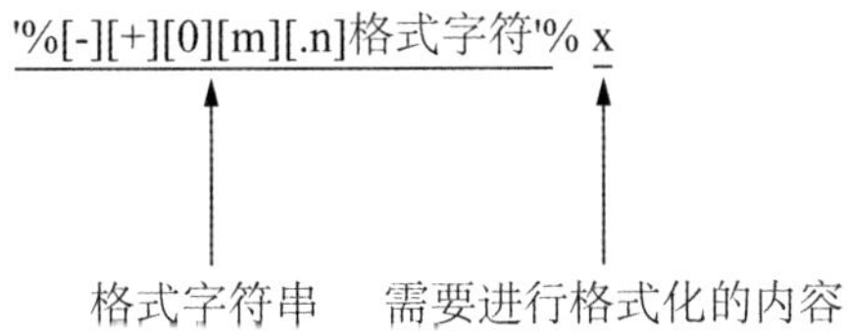

注释：

(1) 格式字符串的两侧加单引号、双引号都可以，保证格式字符串为字符串即可。

(2) 第一个%：是格式标志，表示格式开始。

(3) [-]：指定左对齐输出。

(4) [+]：对正数加正号。

(5) [0]：指定空位填 0。

(6) [m]：指定最小宽度。

(7) [.n]：指定精度。

(8) 格式字符：指定类型。

Python 支持大量的格式字符，常见的格式字符见表 2-2。

表 2-2 格式字符

格式字符	说 明
%s	字符串
%c	单个字符
%d	十进制整数
%o	八进制整数
%x	十六进制整数
%e	指数（基底写为 e）
%E	指数（基底写为 E）
%f、%F	浮点数
%%	字符%

字符串格式化的用法：

（1）进制的转换。

示例代码如下：

```
>>> a = 12
>>> a1 = '%d'%a
>>> a1
'12'
>>> a2 = '%o'%a
>>> a2
'14'
>>> a3 = "%x"%a
>>> a3
'c'
```

语句解释：

设置变量 a，并赋值为 12，用格式字符%d 将变量 a 转换为对应的十进制整数，同理，用格式字符%o 将变量 a 转换为对应的八进制整数，用格式字符%x 将变量 a 转换为对应的十六进制整数。

（2）指数形式。

示例代码如下：

```
>>> b = 120
>>> b1 = '%e'%b
>>> b1
'1.200000e+02'
>>> b2 = '%E'%b
>>> b2
'1.200000E+02'
```

语句解释：

设置变量 b，并赋值为 120，用格式字符%e 将变量 b 转换为对应的指数（基底写为 e），同理，用格式字符%E将变量b转换为对应的指数（基底写为E）。

(3) 字符串及单个字符。

示例代码如下：

```
>>> "%s"%66
'66'
>>>'%s'% [2, 4, 6]
'[2, 4, 6]'
>>>'%d,%c'% (66, 66)
'66, B'
```

语句解释：

用格式字符%s将整数66转换为对应的字符串，将列表［2，4，6］转换为对应的字符串，'%d，%c'%（66，66）中使用元组对字符串进行格式化，按位置对应。

(4) 可以使用int（）函数将合法的数字字符串转换为整数，也可以将合法的浮点数转换为整数。

示例代码如下：

```
>>> int ('67')
67
>>> int (3.14)
3
>>> int (3.9)
3
```

语句解释：

使用int（）函数将合法的浮点数转换为整数时，与小数部分没有任何关系，只选择浮点数的整数部分。

(5) 可以使用str（）函数将任意类型数据转换为字符串。

示例代码如下：

```
>>> str ( (1, 3, 5) )
'(1, 3, 5)'
>>> str ( [1, 3, 5] )
'[1, 3, 5]'
>>> str (65)
'65'
```

语句解释：

数据类型列举了3种，其中（1，3，5）为元组，［1，3，5］为列表，65位数字，其他数据类型同理。

(6) 浮点数。通过［－］、［m］、［.n］对浮点数进行格式化。

示例代码如下：

```
>>> pi = 3.1415926
>>> "%f"%pi
'3.141593'
```

```
>>> "%.2f"%pi
'3.14'
>>> "%6.2f"%pi
'  3.14'
>>> "%-6.2f"%pi
'3.14  '
```

语句解释：

设置变量 pi，并赋值为 3.1415926，"%f"%pi 将变量 pi 用浮点数的精度进行显示，默认保留小数点后六位，存在四舍五入的情况。

"%.2f"%pi 中，2f 保留小数点后两位（此时 n 为 2），"%6.2f"%pi 中 6.2f 为保留小数点后两位，右对齐，左侧有两个空格（此时 m 为 6，n 为 2），"%-6.2f"%pi 中保留小数点后两位，左对齐，右侧有两个空格（此时 m 为 6，n 为 2，- 指定数据左对齐输出）。

（7）显示字符“%”。

示例代码如下：

```
>>> m=65
>>> '%%%d'%m
'%65'
>>> "%%%c"%m
'%A'
>>> "%%%o"%m
'%101'
>>> '%%%x'%m
'%41'
>>> "%%%s"%m
'%65'
>>> '%%%e'%m
'%6.500000e+01'
>>> "%%%E"%m
'%6.500000E+01'
>>> '%f'%m
'65.000000'
>>> '%%%f'%m
'%65.000000'
>>> '%%%3.2f'%m
'%65.00'
```

语句解释：

设置变量 m，并赋值为 65，格式字符%%，可以显示字符%。

2.6.3 字符串常用方法

Python 提供了大量的函数支持字符串操作，可以使用 dir("")查看所有字符串操作函数列表。

示例代码如下：

```
>>> dir (" ")
['__add__', '__class__', '__contains__', '__delattr__', '__dir__', '__doc__', '__eq__', '__format__', '__ge__', '__getattribute__', '__getitem__', '__getnewargs__', '__gt__', '__hash__', '__init__', '__iter__', '__le__', '__len__', '__lt__', '__mod__', '__mul__', '__ne__', '__new__', '__reduce__', '__reduce_ex__', '__repr__', '__rmod__', '__rmul__', '__setattr__', '__sizeof__', '__str__', '__subclasshook__', 'capitalize', 'casefold', 'center', 'count', 'encode', 'endswith', 'expandtabs', 'find', 'format', 'format_map', 'index', 'isalnum', 'isalpha', 'isdecimal', 'isdigit', 'isidentifier', 'islower', 'isnumeric', 'isprintable', 'isspace', 'istitle', 'isupper', 'join', 'ljust', 'lower', 'lstrip', 'maketrans', 'partition', 'replace', 'rfind', 'rindex', 'rjust', 'rpartition', 'rsplit', 'rstrip', 'split', 'splitlines', 'startswith', 'strip', 'swapcase', 'title', 'translate', 'upper', 'zfill']
```

语句解释：

使用 dir（" "）查看所有字符串操作函数列表。

使用内置函数 help（）可以查看每个函数的帮助。

示例代码如下：

```
>>> help ( )
Welcome to Python 3.4's help utility!
If this is your first time using Python, you should definitely check out the tutorial on the Internet at http://docs.Python.org/3.4/tutorial/.
Enter the name of any module, keyword, or topic to get help on writing ython programs and using Python modules. To quit this help utility and eturn to the interpreter, just type " quit" .
To get a list of available modules, keywords, symbols, or topics, type modules", " keywords", " symbols", or " topics" . Each module also comes ith a one-line summary of what it does; to list the modules whose name or summary contain a given string such as " spam", type " modules spam" .
help> modules find
Here is a list of modules whose name or summary contains 'find'.
If there are any, enter a module name to get more help.
idle_test.test_grep - ! Changing this line will break Test_findfile.test_found!
ctypes.test.test_find
idlelib.idle_test.test_grep - !
Chanqing this line will break Test_findfile.test_found!
importlib.machinery - The machinery of importlib: finders, loaders, hooks, etc.
modulefinder - Find modules used by a script, using introspection.
test.test_importlib.builtin.test_finder
test.test_importlib.extension.test_finder
test.test_importlib.frozen.test_finder
test.test_importlib.source.test_finder
test.test_modulefinder
help> quit
You are now leaving help and returning to the Python interpreter.
If you want to ask for help on a particular object directly from the interpreter, you can type " help (object) " . Executing " help ('string') " has the same effect as typing a particular string at the help> prompt.
>>>
```

语句解释：

当用户对函数不太熟悉时，使用内置函数 help（）可以查看每个函数的帮助，对于初学者帮助很大。

接下来介绍字符串的常用方法：

(1) find ( ) 与 rfind ( )。

示例代码如下：

```
>>> s1 = "pencil, pen, ballpen, pen"
>>> s1.find ("pen" )
0
>>> s1.find ("pen", 7)
7
>>> s1.find ("pen", 5)
7
>>> s1.find ("pen", 2, 7)
-1
>>> s1.rfind ('pen')
19
>>> s1.rfind ("pen", 18)
19
>>> s1.rfind ("pen", 8, 15)
-1
```

语句解释：

find ( ) 语句用来查找一个字符串在另一个字符串指定范围（默认是整个字符串）中首次出现的位置，如果不存在则返回－1。

rfind ( ) 语句用来查找一个字符串在另一个字符串指定范围（默认是整个字符串）中最后一次出现的位置，如果不存在则返回－1。

(2) index ( ) 与 rindex ( )。

示例代码如下：

```
>>> s2 = "eraser, paper, ruler, pen"
>>> s2.index ('p')
7
>>> s2.index ('a')
2
>>> s2.index ('a', 2)
2
>>> s2.index ('a', 3)
8
>>> s2.index ('a', 2, 6)
2
>>> s2.index ('a', 10)
Traceback (most recent call last):
File "<pyshell#17>", line 1, in <module>
  s2.index ('a', 10)
ValueError: substring not found
>>> s2.rindex ('e')
20
```

语句解释：

index ( ) 语句用来返回一个字符串在另一个字符串指定范围中首次出现的位置，如果不存在则抛出异常。

rindex（）语句用来返回一个字符串在另一个字符串指定范围中最后一次出现的位置，如果不存在则抛出异常。

（3）count（）。

示例代码如下：

```
>>> s3 = "book, bag, pen, apple"
>>> s3.count ('p')
3
>>> s3.count ('pp')
1
>>> s3.count ('ee')
0
```

语句解释：

count（）语句用来返回一个字符串在另一个字符串中出现的次数。

（4）split（）与 rsplit（）。

示例代码如下：

```
>>> s4 = "red, green, blue, yellow"
>>> m = s4.split ("," )
>>> m
['red', 'green', 'blue', 'yellow']
>>> s5 = "red#green#blue#yellow"
>>> n = s5.split ("#")
>>> n
['red', 'green', 'blue', 'yellow']
```

语句解释：

split（）语句用来以指定字符为分隔符，从字符串左端开始将其分割成多个字符串，并返回包含分割结果的列表。

示例代码如下：

```
>>> s6 = "2046-1-1"
>>> t = s6.split ("-" )
>>> t
['2046', '1', '1']
```

示例代码如下：

```
>>> s7 = "red, green, 2046-1-1"
>>> s7.rsplit ("-" )
['red, green, 2046', '1', '1']
>>> s7.rsplit ("," )
['red', 'green', '2046-1-1']
```

示例代码如下：

```
>>> s8='\n**\n\nHappy\t\tnew\tyear! \n\n**\n'
>>> s8.split()
['**','Happy','new','year!','**']
```

语句解释：

rsplit（）语句用来以指定字符为分隔符，从字符串右端开始将其分割成多个字符串，并返回包含分割结果的列表。

对于split（）和rsplit（）语句，如果不指定分隔符，则字符串中的任何空白符号（包括空格、换行符、制表符等）都将被认为是分隔符，返回包含最终分割结果的列表中。

示例代码如下：

```
>>> s9='\n*********\nHappy\t\tnew\tyear! \n*********\n'
>>> s9.split(None, 2)
['*********','Happy','new\tyear! \n*********\n']
>>> s9.rsplit(None, 2)
['\n*********\nHappy\t\tnew','year!','*********']
>>> s9.split(None, 4)
['*********','Happy','new','year!','*********\n']
>>> s9.split(None, 5)
['*********','Happy','new','year!','*********']
```

语句解释：

split（）和rsplit（）语句允许指定最大分割次数。split（）语句从字符串左端开始进行分割，rsplit（）语句从字符串右端开始进行分割。

（5）partition（）及rpartition（）。

示例代码如下：

```
>>> k="red, blue, pink, orange"
>>> k.partition(',')
('red',',','blue, pink, orange')
>>> k.partition('@')
('red, blue, pink, orange','','')
```

语句解释：

partition（）语句用来以指定字符串为分隔符将原字符串从左端开始分割为3部分，即分隔符前的字符串、分隔符字符串及分隔符后的字符串，如果指定的分隔符不在原字符串中，则返回原字符串和两个空字符串。

示例代码如下：

```
>>> k1="red, blue, pink, orange"
>>> k1.rpartition(',')
('red, blue, pink',',','orange')
>>> k1.rpartition('#')
('','','red, blue, pink, orange')
```

语句解释：

rpartition（）语句用来以指定字符串为分隔符将原字符串从右端开始分割为3部分，即分隔符前的字符串、分隔符字符串及分隔符后的字符串，如果指定的分隔符不在原字符串中，则返回原字符串和两个空字符串。

示例代码如下：

```
>>> k2 = "red, blue, pink, orange"
>>> k2.partition ('blue')
('red, ','blue',', pink, orange')
```

语句解释：

指定字符串不仅仅包含标点符号，也包含完整的字符串，或者两者的组合。

（6）join（）。

俗话说："分久必合"，与分割方法相反，join（）语句用来将列表中多个字符串进行连接，并在相邻两个字符串之间插入指定字符。

示例代码如下：

```
>>> d3 = ["desk"," table"," classroom" ]
>>> sep = ","
>>> s = sep.join (d3)
>>> s
'desk, table, classroom'
```

语句解释：

>>> sep="," 中指定字符为逗号。

示例代码如下：

```
>>> d4 = ["red","blue","yellow","green" ]
>>> k = "#"
>>> s = k.join (d4)
>>> s
'red#blue#yellow#green'
```

语句解释：

>>> k="#" 中指定字符为#。

示例代码如下：

```
>>> d5 = ("one","two","three","four" )
>>> m = "$"
>>> s1 = m.join (d5)
>>> s1
'one$two$three$four'
```

语句解释：

>>> m="$" 中指定字符为$。

（7）lower（）、upper（）、capitalize（）、title（）及 swapcase（）。

示例代码如下：

```
>>> s = " How old are you?"
>>> s1 = s.lower ( )
>>> s1
'how old are you? '
```

语句解释：

lower（）语句用来将字符串转换为小写字符串。

示例代码如下：

```
>>> s = "How old are you?"
>>> s2 = s.upper ( )
>>> s2
'HOW OLD ARE YOU? '
```

语句解释：

upper（）语句用来将字符串转换为大写字符串。

示例代码如下：

```
>>> s = "happy new year!"
>>> s3 = s.capitalize ( )
>>> s3
'Happy new year! '
```

语句解释：

capitalize（）语句用来将字符串首字母变为大写。

示例代码如下：

```
>>> s = "happy new year!"
>>> s4 = s.title ( )
>>> s4
'Happy New Year! '
```

语句解释：

title（）语句用来将每个单词的首字母变为大写。

示例代码如下：

```
>>> s = "How Old are you?"
>>> s5 = s.swapcase ( )
>>> s5
'hOW oLD ARE YOU? '
```

语句解释：

swapcase（）语句用来将字符串中所有字母进行大小写互换，即大写字母变为小写字母，小写字母变成大写字母。

(8) replace（）。

示例代码如下：

```
>>> a = "李晓明"
>>> print (a)
李晓明
>>> a2 = a.replace ("李晓明","Mr.Li" )
>>> print (a2)
Mr.Li
```

语句解释：

replace（ ）语句用来替换字符串中指定字符或子字符串的所有重复出现，每次只能替换一个字符或一个子字符串。

(9) maketrans（ ）及 translate（ ）。

示例代码如下：

```
>>> t = ".maketrans ("abc123ABC","mno&*@XYZ" )
>>> s = "password: A1B2C3"
>>> s.translate (t)
'pmssword: X&Y*Z@'
```

语句解释：

maketrans（ ）语句用来生成字符映射表，而 translate（ ）语句则按映射表关系转换字符串并替换其中的字符，使用这两个方法的组合可以同时处理多个不同的字符。

代码实现了将字符"abc123ABC" 一一转换为"mno&*@XYZ" 的功能。运用此方法可以定义自己的字符映射表，然后对字符串进行加密。

(10) strip（ ）、rstrip（ ）与 lstrip（ ）。

示例代码如下：

```
>>> w = "    EGG    "
>>> w1 = w.strip ()
>>> w1
'EGG'
>>> w2 = '\nHappy Birthday!      \n\n'.strip ()
>>> w2
'Happy Birthday! '
>>> w3 = "wwwxxy"
>>> w3.strip ("w" )
'xxy'
>>> w4 = "wxyzwww"
>>> w4.strip ("w" )
'xyz'
>>> w5 = "wxwywz"
>>> w5.strip ("w" )
'xwywz'
>>> w6 = "wwwxxyyz"
>>> w6.strip ("wz" )
'xxyy'
```

语句解释：

strip（ ）语句用来删除两端的空白字符或连续的指定字符。

w1=w. strip () 语句用来删除字符串 w 中的所有空白字符。

w2='\ nHappy Birthday!　　\ n \ n'. strip () 语句用来删除字符串中的所有空白字符和转移字符 \ n。

w3. strip ("w") 语句用来删除指定字符 w。

同理，rstrip ( ) 语句用来删除右端的空白字符或连续的指定字符，lstrip ( ) 语句用来删除左端的空白字符或连续的指定字符。

示例代码如下：

```
>>> w7 = "xxyyzzxxx"
>>> w7. rstrip ("x" )
'xxyyzz'
```

语句解释：

w7. rstrip ("x") 语句用来删除字符串右端指定字符 x。

示例代码如下：

```
>>> w8 = "xxyyzzxxx"
>>> w8. lstrip ("x" )
'yyzzxxx'
```

语句解释：

w8. lstrip ("x") 语句用来删除字符串左端指定字符 x。

(11) eval ( )。

示例代码如下：

```
>>> eval ("8 + 3" )
11
>>> a = 8
>>> b = 3
>>> eval ('a + b')
11
>>> import math
>>> eval ('math. sqrt (5) ')
2.23606797749979
>>> eval ('3 * * 2 + 5//2 + 1')
12
```

语句解释：

eval ( ) 语句用于把任意字符串转化为 Python 表达式并求值。

(12) in 与 not in。

示例代码如下：

```
>>> 'a' in "abc"
True
>>> 'A' in "abc"
False
```

```
>>> 'A' in "ABC"
True
>>> 'a' not in "abc"
False
>>> 'A' not in "abc"
True
>>> 'A' not in "ABC"
False
```

语句解释：

关键字 in 和 not in 用来判断一个字符串是否出现在另一个字符串中，返回 True 或 False。

示例代码如下：

```
>>> "mn" in "mnabc"
True
>>> "mn" in "mnamnbc"
True
>>> "mN" in "mnamnbc"
False
>>> "Mn" in "mnamnbc"
False
>>> "MN" in "mnamnbc"
False
```

语句解释：

Python 中区分英文字母的大小写。

（13）startswith（ ）与 endswith（ ）。

示例代码如下：

```
>>> k='You write a beautiful hand.'
>>> k.startswith('Yo')
True
>>> k.startswith('Yo', 6)
False
```

语句解释：

startswith（ ）语句用来判断字符串是否以指定字符串开始。

示例代码如下：

```
>>> k='You write a beautiful hand.'
>>> k.startswith('Yo', 0, 6)
True
>>> k.startswith('Yo', 4, 6)
False
```

语句解释：

startswith（ ）语句还可以接收两个整数参数来限定字符串的检测范围。

示例代码如下：

```
>>> t='super star'
>>> t.endswith('star')
True
>>> t.endswith('star', 6)
True
```

语句解释：

endswith（）语句用来判断字符串是否以指定字符串结束。

示例代码如下：

```
>>> t='super star'
>>> t.endswith('star', 0, 6)
False
>>> t.endswith('star', 0, 10)
True
```

语句解释：

endswith（）语句还可以接收两个整数参数来限定字符串的检测范围。

（14）isalnum（）、isalpha（）、isdigit（）、isspace（）、isupper（）与 islower（）。

示例代码如下：

```
>>> 'ABC123'.isalnum()
True
>>> 'abc456'.isalnum()
True
>>> 'ab$456'.isalnum()
False
```

语句解释：

isalnum（）语句用来测试字符串是否为数字或字母。

示例代码如下：

```
>>> 'ABC'.isalpha()
True
>>> 'abc'.isalpha()
True
>>> 'abc123'.isalpha()
False
```

语句解释：

isalpha（）语句用来测试字符串是否为字母。

示例代码如下：

```
>>> '123'.isdigit()
True
>>> 'abc123'.isdigit()
False
>>> 'ABC123'.isdigit()
False
```

```
>>>'123.45'.isdigit()
False
```

语句解释：

isdigit（）语句用来测试字符串是否为数字字符。

示例代码如下：

```
>>>' '.isspace()
True
>>>'\n'.isspace()
True
>>>'\t'.isspace()
True
>>>'A B C'.isspace()
False
>>>'1 2 3'.isspace()
False
>>>'1 A 2'.isspace()
False
```

语句解释：

isspace（）语句用来测试字符串是否为空白字符。

示例代码如下：

```
>>>'TOM'.isupper()
True
>>>'Tom'.isupper()
False
>>>'tom'.isupper()
False
```

语句解释：

isupper（）语句用来测试字符串是否为大写字母。

示例代码如下：

```
>>>'JERRY'.islower()
False
>>>'Jerry'.islower()
False
>>>'jerry'.islower()
True
```

语句解释：

islower（）语句用来测试字符串是否为小写字母。

（15）center（）、ljust（）与 rjust（）。

示例代码如下：

```
>>>'HELLO'.center(3)
'HELLO'
```

```
>>>'HELLO'.center(7)
'HELLO'
>>>'HELLO'.center(11)
'   HELLO   '
>>>'HELLO'.center(11,'#')
'###HELLO###'
```

语句解释：

center（）语句返回指定宽度的新字符串，原字符串居中出现在新字符串中，如果指定的宽度大于字符串长度，则使用指定的字符（默认为空格）填充。

示例代码如下：

```
>>>'HELLO'.ljust(3)
'HELLO'
>>>'HELLO'.ljust(7)
'HELLO  '
>>>'HELLO'.ljust(10)
'HELLO     '
>>>'HELLO'.ljust(10,'#')
'HELLO#####'
```

语句解释：

ljust（）语句用于返回指定宽度的新字符串，原字符串左对齐出现在新字符串中，如果指定的宽度大于字符串长度，则使用指定的字符（默认为空格）填充。

示例代码如下：

```
>>>'HELLO'.rjust(3)
'HELLO'
>>>'HELLO'.rjust(7)
'  HELLO'
>>>'HELLO'.rjust(10)
'     HELLO'
>>>'HELLO'.rjust(10,'&')
'&&&&&HELLO'
```

语句解释：

rjust（）语句用于返回指定宽度的新字符串，原字符串右对齐出现在新字符串中，如果指定的宽度大于字符串长度，则使用指定的字符（默认为空格）填充。

2.6.4 正则表达式

正则表达式是字符串处理的有力工具和技术，使用预定义的特定模式去匹配一类具有共同特征的字符串，主要用于字符串处理，可以快速、准确地完成复杂的查找、替换等处理要求。

正则表达式由元字符及其不同组合构成，通过巧妙地构造正则表达式可以匹配任意字符串，并完成复杂的字符串处理任务。正则表达式常用元字符见表 2-3。

表 2-3　正则表达式常用元字符

元字符	功能说明
.	匹配除换行符以外的任意单个字符
*	匹配位于*之前的字符或子模式的0次或多次出现
+	匹配位于+之前的字符或子模式的1次或多次出现
-	用在[]之内用来表示范围
|	匹配位于|之前或之后的字符
^	匹配行首，匹配以^后面的字符开头的字符串
$	匹配行尾，匹配以$之前的字符结束的字符串
?	匹配位于"?"之前的0个或1个字符。当此字符紧随任何其他限定符（*、+、?、{n}、{n,}、{n,m}）之后时，匹配模式是"非贪心的"。"非贪心的"模式匹配搜索到的尽可能短的字符串，而默认的"贪心的"模式匹配搜索到的尽可能长的字符串。例如：在字符串"oooo"中，"o+?"只匹配单个o，而o+匹配所有o
\	表示位于\之后的为转义字符
\num	此处的num是一个正整数。例如，"(.)\1"匹配两个连续的相同字符
\f	换页符匹配
\n	换行符匹配
\r	匹配一个回车符
\b	匹配单词头或单词尾
\B	与\b的含义相反
\d	匹配任何数字，相当于[0-9]
\D	与\d的含义相反，等效于[^0-9]
\s	匹配任何空白字符，包括空格、制表符、换页符，与[\f\n\r\t\v]等效
\S	与\s的含义相反
\w	匹配任何字母、数字以及下划线，相当于[a-zA-Z0-9]
\W	与\w的含义相反，与"[^[a-zA-Z0-9]]"等效
()	将位于()内的内容作为一个整体来对待
{}	按{}中的次数进行匹配
[]	匹配位于[]中的任意一个字符
[^xyz]	反向字符集，匹配除x、y、z之外的任何字符
[a-z]	字符范围，匹配指定范围内的任何字符
[^a-z]	反向范围字符，匹配除小写英文字母之外的任何字符

如果以"\"开头的元字符与转义字符相同，则需要使用"\\"或者原始字符串，在字符串前加上字符"r"或"R"。原始字符串可以减少用户的输入，主要用于正则表达式和文件路径字符串。如果

字符串以一个斜线“\”结束，则需要多写一个斜线，以“\\”结束。

具体应用时，可以单独使用某种类型的元字符，但处理复杂字符串时，经常需要将多个正则表达式元字符进行组合，下面给出了几个简单的示例。

（1）最简单的正则表达式是普通字符串，可以匹配自身。

（2）'[ABCD]Python'可以匹配'APython'、'BPython'、'CPython'、'DPython'。

（3）'[a－zA－Z0－9]'可以匹配任意一个大小写字母或数字。

（4）'^[abc]'可以匹配任意一个除'a'、'b'、'c'之外的字符。

（5）'cherry'|'berry'或'(ch|b)erry'都可以匹配'cherry'或'berry'。

（6）子模式后面加上问号表示可选。r'(http://)? (www\.)? python\.org'只能匹配'http://www.python.org'、'http://python.org'、'www.python.org'和'www.python.org'。

（7）'^http'只能匹配所有以'http'开头的字符串。

（8）'(pattern) *'：允许模式重复0次或多次。

（9）'(pattern) +'：允许模式重复1次或多次。

（10）'(pattern) {m,n}'：允许模式重复m～n次。

（11）'(A|B) * C'：匹配多个（包含0个）A或B，后面紧跟一个字母C。

（12）'AB{1,}'：等价于'AB+'，匹配以字母A开头后面带1个至多个字母B的字符串。

（13）'^[a－zA－Z]{1}([a－zA－Z0－9._]){5,11}$'匹配长度为6～12的字符串，必须以字母开头，可带数字、“_”“.”的字符串。

（14）'^(\w){6,12}$'：匹配长度为6～12的字符串，可以包含字母、数字、下划线。

（15）'^\d{1,3}\.\d{1,3}\.\d{1,3}\.\d{1,3}\.$'：检查给定字符串是否为合法IP地址。

比如：192.168.5.15为合法的IP地址，即为符合要求的字符串。

（16）'^(13[0－9] d{8})|(15[0－9]\d{8}$'：检查给定字符串是否为移动手机号码。比如：13911110000为移动手机号码，即为符合要求的字符串。

（17）'^[a－zA－Z]+$'：检查给定字符串是否只包含英文字母大小写。

（18）'^\w+@(\w+\.)+\w+$'：检查给定字符串是否为合法电子邮件地址。比如：Pythonstudent@163.com为合法电子邮件地址，即为符合要求的字符串。

（19）'^(\－)? \d+(\.\d{1,2})? $'：检查给定字符串是否为最多带有2位小数的正数或负数。

（20）'^\d{18}|\d{15}$'：检查给定字符串是否为合法身份证的格式。

（21）'^\d{4}－\d{1,2}－\d{1,2}'：匹配指定格式的日期。比如：2046－6－15匹配格式的日期。

（22）'^(? =. * [a－z])(? =. * [A－Z])(? =. * \d)(? =. * [,._ # $ % & *]).{8,}$'：检查给定字符串是否为强密码，必须同时包含英语大写字母、英文小写字母、数字或特殊符号（如英文逗号、英文句号、下划线、英文#、英文$、英文%、英文&、英文*），并且长度必须至少8位。

（23）'(.)\\1+'：匹配任意字符的一次或多次重复出现。

Python中的re模块使Python拥有全部的正则表达式功能，也提供了与这些方法功能完全一致的函数，这些函数使用一个模式字符串作为它们的第一个参数。下面以re.match函数为例进行简单介绍。

re.match尝试从字符串的起始位置匹配一个模式，返回一个匹配的对象；如果起始位置匹配不成功，match()返回none。

函数语法：

re. match（pattern，string，flags=0）

参数说明：

（1）pattern 为匹配的正则表达式。

（2）string 为要匹配的字符串。

（3）flags 为标志位，用来控制正则表达式的匹配方式。

示例代码如下：

```
>>> import re
>>> print (re.match ('www', 'www.taobao.com') .span () )
(0, 3)
>>> print (re.match ('com', 'www.taobao.com') )
None
```

语句解释：

re. match（'www'，'www. taobao. com'）. span（）对字符串'www'和'www. taobao. com'在起始位置匹配成功并返回序号。re. match（'com'，'www. taobao. com'）对字符串'com'和'www. taobao. com'在起始位置匹配不成功并返回 None。

示例代码如下：

```
>>> import re
>>> a = "Friendship is first."
>>> matchObj = re.match (r' (.*) is (.*?) .*', a, re.M | re.I)
>>> if matchObj:
print ("matchObj.group ():", matchObj.group () )
print ("matchObj.group (1):", matchObj.group (1) )
else:
print ("No match!" )
matchObj.group (): Friendship is first.
matchObj.group (1): Friendship
```

语句解释：

（.＊）is（.＊?）.＊为正则表达式，匹配出的内容表示一个分组。“（）”的作用是进行分组。其中，匹配除换行符以外的任意单个字符，“＊”匹配位于“＊”之前的字符或子模式的 0 次或多次出现，“?”匹配位于“?”之前的 0 个或 1 个字符。分完组后，想获得某个分组的内容，直接使用 group（num）函数去直接提取即可。用 group（num）匹配对象函数来获取匹配表达式。当设置 group（0）时，返回的是整个匹配结果，也就是返回整个表达式的字符串（这是一个隐含的全局分组，就是整个正则表达式）。设置 group（1）则返回 Friendship。

任务 2.7 运算符

Python 支持大多数运算符（如算术运算符、关系运算符、逻辑运算符、位运算符、成员测试运算符、集合运算符、统一性测试运算符等），并遵循运算符优先级。很多运算符具有多种不同的含义，作用于不同类型操作数的含义并不相同，使用非常灵活。

2.7.1 算术运算

算术运算除了加减乘除运算外，还包括求整商、相反数、求余数和幂运算等。

（1）＋。

例如：x＋y

功能：算术加法（2＋6，即为 8），列表、元组、字符串合并。

```
>>> 2 + 6
8
```

（2）－。

例如：x－y

功能：算术减法（7－3，即为 4），集合差集。

```
>>> 7 - 3
4
```

（3）*。

例如：x * y

功能：乘法（4 * 7，即为 28）。

序列重复（当列表、字符串或元组等类型变量与整数进行 * 运算时，表示对内容进行重复并返回重复后的新对象）。

```
>>> 4 * 7
28
```

（4）/。

例如：x/y

功能：真除法（2/1，即为 2.0；1/2，即为 0.5）。

```
>>> 2/1
2.0
>>> 1/2
0.5
```

(5) //。

例如：x//y

功能：求整商（7//4，即为1；3//4，即为0）。

```
>>> 7//4
1
>>> 3//4
0
```

(6) －。

例如：－x

功能：相反数（－3）。

```
>>> -3
-3
```

(7)%。

例如：x%y

功能：求余数，对整数和实数都可以进行余数计算，字符串格式化。

7%4，即为3；同理，3%4，也为3。

```
>>> 7%4
3
>>> 3%4
3
```

(8) **。

例如：x**y

功能：幂运算（2**3，即为8）。

```
>>> 2**3
8
```

2.7.2 关系运算

关系运算用于比较两个操作数的大小关系、集合的从属关系、引用对象同一性关系，运算结果返回True或False。

(1) <（或>），<=（或>=）。

例如：5<8

大小比较（可以连用），集合的包含关系比较。

```
>>> 5<8
True
```

(2) ==（!=）。

例如：x==y

功能：相等（值）比较，2==2 为真。

x! =y

功能：不等（值）比较，2! =2 为假。

```
>>> 2 = = 2
True
>>> 2! = 2
False
```

（3）in（not in）。

例如：x in y

功能：成员测试运算符。x in y 表示如果在序列 y 中找到 x，则返回 True，否则返回 False。

```
>>> list = [1, 2, 3, 4, 5]
>>> 1 in list
True
>>> 6 in list
False
```

（4）is（is not）

例如：x is not y

功能：对象实体同一性测试（地址）。

is 与==有本质上的区别，is 用于判断两个变量引用对象是否为同一个，==用于判断引用变量的值是否相等。

```
>>> x = [1, 2, 3]
>>> y = [1, 2, 3]
>>> x = = y
True
>>> x is y
False
```

2.7.3 逻辑运算

逻辑运算符只有与、或、非 3 种，它们的优先级依次是非（not）、与（and）、或（or）。运算结果返回 True 或 False。

（1）or。

例如：x or y

功能：逻辑或（只有 x 为假才会计算 y）。

```
>>> True or True, True or False, False or True, False or False
(True, True, True, False)
```

（2）and。

例如：x and y

功能：逻辑与（只有 x 为真才会计算 y）。

```
>>> True and True, True and False, False and True, False and False
(True, False, False, False)
```

(3) not。

例如：not x

功能：逻辑非。

```
>>> not True, not False
(False, True)
```

2.7.4 位运算

|（按位或）、^（按位异或）、&（按位与）、<<（向左移位）、>>（向右移位）、~（按位取反）都是位运算符，按操作数的二进制位进行操作。

例如：

```
>>> hex (0xe<<4)
'0xe0'
>>> hex (0x00&0xff)
'0x0'
>>> hex (0x00 | 0xff)
'0xff'
>>> hex (0x0f^0xf0)
'0xff'
>>> ~6
-7
```

2.7.5 其他类型运算符

除了以上常用运算，Python 还支持集合运算和矩阵运算等。

(1) &、|、^。

例如：A&B

功能：集合交集，并集，对称差集。

(2) @。

例如：A@B

功能：矩阵乘法。

知识拓展

ASCII、UNICODE、UTF-8 及 GBK 的关系

ASCII 是最早美国用的标准信息交换码，它把所有的字母的大小写及各种符号用二进制来表示，共有 256 种，加入一些拉丁文等字符，1 byte 代表一个字符。

UNICODE 是为了统一世界各国语言的不同，统一用 2 个 bytes 代表一个字符，可以表达 2^{16} =

65 556（个），称为万国语言。其特点：速度快，但浪费空间；可以用在内存处理中，兼容 ASCII、UTF－8 和 GBK。

UTF－8 为了改变 UNICODE 的浪费空间的缺点，规定 1 个英文字符用 1 个字节表示，1 个中文字符用 3 个字节表示。其特点：节约空间，速度慢。

GBK 是中文的字符编码，用 2 个字符代表一个字符。

思考与练习

1. 合法的变量名为(　　)。

A. m. py　　B. a1　　C. 386　　D. True

2. 不合法的变量名为(　　)。

A. _w　　B. w2　　C. None　　D. none

3. Python 数值分为 3 种类型，即________、__________和________。

4. 合法的十六进制整数为(　　)。

A. 0586　　B. 0xwhy　　C. 586　　D. 0xfa

5. 合法的八进制整数为(　　)。

A. 0o007　　B. 007　　C. 0o386　　D. 386

6. 1/3+1/3+1/3 为________，1//3+1//3+1//3 为________，1%3 为________，2**3 为________。

7. 十进制整型常量为 82，分别用八进制、十六进制、指数形式显示各种形式。

8. 浮点数 3.141 592 6，用浮点数形式显示。(保留小数点后四位)

9. 用字符串形式显示：

程序员：班级，学号，姓名，日期（年月日）。(根据每个人的情况进行填写)

显示字符串的长度。

10. 创建元组（93，86，75，82），将元组转换为字符串。

11. 创建字符串"pencil，pen，ballpen，eraser，paper，ruler，book，bag"。

12. 返回 paper 首次出现的位置。

13. 返回字符"b" 首次出现的位置。

14. 从字符串尾部查找并返回"b" 出现的位置。

15. 在指定范围 7，18 内查找 pen 是否出现。

16. 统计字符"e" 在字符串出现的次数。

17. 统计字符串“pen”在字符串出现的次数。

18. 所有的字符串全部转换为大写字符串。

19. 创建字符串“铅笔，钢笔，圆珠笔，橡皮，纸，尺子，书，书包”，使用逗号作为分割符，从字符串的左端将其分为 3 部分，显示在屏幕上。

20. 使用逗号作为分割符，从字符串的右端将其分为 3 部分，显示在屏幕上。

思考与练习

21. 以“橡皮”为分割点，将字符串分为3部分并显示。
22. 将列表［“pencil”，“pen”，“ballpen”，“eraser”，“paper”，“ruler”，“book”，“bag”］和列表［“铅笔”，“钢笔”，“圆珠笔”，“橡皮”，“纸”，“尺子”，“书”，“书包”］连接，相邻两个单词之间插入指定字符#

    注意：#铅笔后的逗号和分隔符逗号，中英文输入法保持一致。
23. 分别给变量x，y赋值（小数形式），将字符串"x+y"转化为Python表达式并求值。
24. 分别将字符串"x-y" "x*y" "x/y" "x//y" "-x" "x%y"转化为表达式并求值。
25. 给变量x赋值-2，给变量y赋值为5，将字符串"x**y"转化为表达式并求值。
26. 判断字符“u”是否出现在字符串“student”中。
27. 判断字符串"pp"是否出现在字符串"apple"中。
28. 判断字符串"pp"是否出现在字符串"banana"中。
29. 显示个人信息“程序员：姓名，日期：（年月日）”。（根据每个人的具体情况进行填写）
30. 将字符串"Simple is better than complex."赋值给一个变量。
31. 判断字符串"Sim"是否出现在字符串中。
32. 将字符串的检测范围定位于0～2之间，判断字符串"Sim"是否出现在字符串中。
33. 将字符串的检测范围定位于0～6之间，判断字符串"Sim"是否出现在字符串中。
34. 判断字符串"ex."是否出现在字符串中。

    将字符串的检测范围定位于25～35之间，判断字符串"ex."是否出现在字符串中。
35. 分别测试字符串"uvwxyz987654"是否为数字或字母，是否为字母，是否为数字字符，是否为空白字符，是否为大写字母，是否为小写字母。
36. 显示个人信息“程序员的学号，籍贯”。（根据每个人的具体情况进行填写）
37. 将原字符串"Now is better than never"居中，用字符空格进行填充，并显示。
38. 用字符*进行填充，并显示。
39. 将原字符串左对齐，用字符#进行填充，并显示。
40. 将原字符串右对齐，用字符$进行填充，并显示。

单元3 程序流程控制

学习目标

知识目标

1. 掌握程序流程控制中的顺序结构。
2. 掌握程序流程控制中的选择结构。
3. 掌握程序流程控制中的循环结构。

技能目标

1. 能够读懂顺序结构、选择结构和循环结构的程序。
2. 能够对 3 种结构混合时的程序进行分析。
3. 能够完成 3 种结构简单程序的编写。

知识脉络图

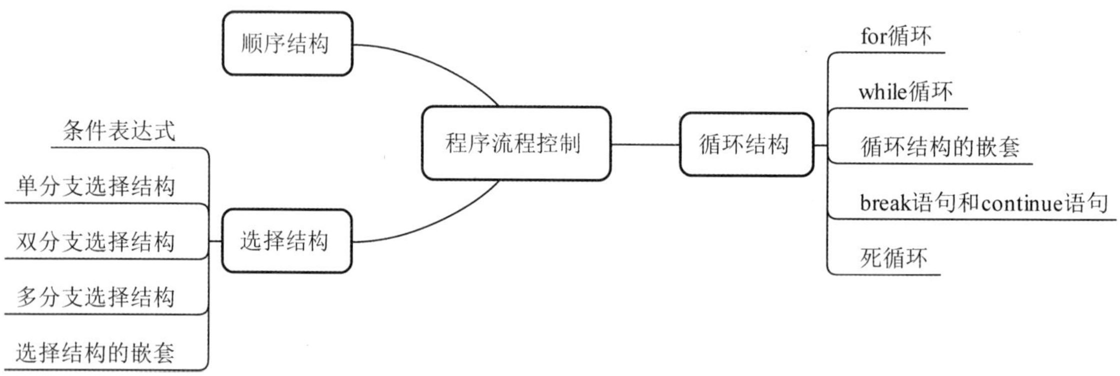

任务 3.1 顺序结构

顺序结构是最简单的程序结构，也是最常用的程序结构，只要按照解决问题的顺序写出相应的语句即可。它的执行顺序是自上而下，依次执行。

任务 3.2 选择结构

3.2.1 条件表达式

选择结构通过判断某些特定条件是否满足来决定下一步的执行流程，是非常重要的控制结构。其中的某些特定条件就涉及条件表达式。

在条件表达式中可以使用所有运算符。

(1) 算术运算符：+、-、*、/、//、%、**。

(2) 关系运算符：>、<、==、!=、<=、>=。

(3) 测试运算符：in、not in、is、is not。

(4) 逻辑运算符：and、or、not。

(5) 位运算符：~、&、|、^、>>、<<。

(6) 矩阵运算符：@。

在选择结构中，条件表达式的值只要不是False、0（或0.0等）、空值（None）、空列表、空元组、空集合、空字典、空字符串、空 range 对象或其他空迭代对象，Python 解释器均认为与 True 等价。

单个常量、变量、任意合法表达式、含有函数调用的表达式都可以作为条件表达式。

示例代码如下：

```
>>> if 5:
print (100)
100
```

语句解释：

if 5：使用整数 5 作为条件表达式，Python 解释器认为与 True 等价。

示例代码如下：

```
>>> print (1<2<3)
True
>>> print (1<2>3)
False
>>> print (1<3>2)
True
```

语句解释：

Python 中的所有关系运算符可以连续使用。

print (1<2<3) 中 1<2 为真，2<3 为真，故结果为真。

print (1<2>3) 中 1<2 为真，2>3 为假，故结果为假。

print (1<3>2) 中 1<3 为真，3>2 为真，故结果为真。

3.2.2　单分支选择结构

单分支选择结构的语法为：

```
if 表达式：
    语句块
```

单分支选择结构

注释：表达式后的冒号“:”是不可缺少的，表示一个语句块的开始。

执行过程：当表达式的值为 True 或其他等价值时，表示条件满足，语句块将被执行，否则该语句块将不被执行。

例如：两个整数中较大数的寻找。

示例代码如下：

```
>>> x = input ("请输入第一个整数:" )
请输入第一个整数：6
>>> y = input ("请输入第二个整数:" )
请输入第二个整数：5
>>> print ("两个整数分别为:", x, y)
两个整数分别为:6 5
>>> if x>y:
print ("两个整数中比较大的数为:", x)
两个整数中比较大的数为:6
```

语句解释：

input ( ) 为标准输入函数，print ( ) 为标准输出函数。

3.2.3　双分支选择结构

双分支选择结构的语法为：

```
if 表达式：
    语句块 1
else：
```

双分支选择结构

```
    语句块 2
```

执行过程：当表达式的值为 True 或其他等价值时，执行语句块 1，否则执行语句块 2。

例如：使用双分支选择结构编写确认面试资格程序。

示例代码如下：

```
>>> age = 20
>>> subject = "计算机"
>>> college = "非重点"
>>> if (age>25 and subject = = "计算机" ) or (college = = "重点" and subject = = "计算机" ) or
(age< = 28 and subject = = "计算机" ):
print ("恭喜，您已获得我公司的面试机会!" )
else:
print ("抱歉，您未达到面试要求" )
恭喜，您已获得我公司的面试机会!
```

语句解释：

and 和 or 为逻辑运算符。

and 两侧表达式同时为真，整体表达式为真，其他情况全部为假。

or 两侧表达式有一方为假，整体表达式为假，其他情况全部为真。

3.2.4 多分支选择结构

多分支选择结构的语法为：

```
if  表达式 1:
    语句块 1
elif  表达式 2:
    语句块 2
elif  表达式 3:
    语句块 3
    ……
else:
    语句块n
```

注释：关键字 elif 是 else if 的缩写。

例如：使用多分支选择结构将成绩从百分制变换到等级制。

示例代码如下：

```
>>> def f (score):
if score>100:
  return'成绩必须小于或等于 100 分'
elif  score> = 90:
  return'A'
elif  score> = 80:
  return'B'
elif  score> = 70:
  return'C'
```

```
    elif  score>=60:
      return'D'
    elif  score>=0:
      return'E'
    else:
      return'成绩必须大于或等于0分'
>>> f(110)
'成绩必须小于或等于100分'
>>> f(95)
'A'
>>> f(87)
'B'
>>> f(73)
'C'
>>> f(61)
'D'
>>> f(24)
'E'
>>> f(-3)
'成绩必须大于或等于0分'
```

语句解释：

将百分制转换为等级制。

成绩大于100时，提示信息'成绩必须小于或等于100分'；

成绩大于等于90且小于等于100时，为等级A；

成绩大于等于80且小于90时，为等级B；

成绩大于等于70且小于80时，为等级C；

成绩大于等于60且小于70时，为等级D；

成绩大于等于0且小于60时，为等级E；

成绩小于0时，提示信息'成绩必须大于或等于0分'。

3.2.5 选择结构的嵌套

选择结构可以进行嵌套，语法如下：

```
if  表达式1:
    语句块1
    if  表达式2:
        语句块2
    else:
        语句块3
else:
    if  表达式4:
        语句块4
```

注释：使用选择结构的嵌套时，必须严格控制好不同级别代码块的缩进量，因为这决定了不同代码块的从属关系以及业务逻辑是否被正确地实现、是否能够被Python正确理解和执行。

示例代码如下：

```
>>> def f1 (score):
degree = 'DCBAAE'
if score>100 or score<0:
    return '成绩必须在 0 至 100 分之间'
else:
    index = (score - 60) //10
if index> = 0:
    return degree [index]
else:
    return degree [ - 1]
>>> f1 (110)
'成绩必须在 0 至 100 分之间'
>>> f1 (100)
'A'
>>> f1 (95)
'A'
>>> f1 (87)
'B'
>>> f1 (73)
'C'
>>> f1 (61)
'D'
>>> f1 (24)
'E'
>>> f1 ( - 3)
'成绩必须在 0 至 100 分之间'
```

语句解释：

将百分制转换为等级制。

成绩大于 100 或小于 0 时，提示信息'成绩必须在 0 至 100 分之间'；

成绩大于等于 90 且小于等于 100 时，为等级 A；

成绩大于等于 80 且小于 90 时，为等级 B；

成绩大于等于 70 且小于 80 时，为等级 C；

成绩大于等于 60 且小于 70 时，为等级 D；

成绩大于等于 0 且小于 60 时，为等级 E。

任务 3.3 循环结构

3.3.1 for 循环

Python 提供了两种基本的循环结构：while 循环和 for 循环。

for 循环一般用于循环次数可以提前确定的情况，编程时一般建议优先考虑使用 for 循环。常见的用法为：

for 循环

```
for 变量 in 序列或其他迭代对象:
    循环体
```

注释：变量 in 序列或其他迭代对象为条件表达式。

执行过程：

(1) 判断条件表达式为真或假。

(2) 当表达式为假时，结束 for 循环。

(3) 当表达式为真时，执行一次循环体，重复执行 (1)，直到表达式为假，结束循环。

【例 3.1】 计算 1+2+3+…+100 的值。

示例代码如下：

```
>>> s = 0
>>> for i in range (1, 101):
s = s + i
>>> print ('1 + 2 + 3 + ... + 100 =', s)
1 + 2 + 3 + ... + 100 = 5050
```

语句解释：

(1) range (1, 101) 中第一个参数表示起始值，为 1，第二个参数表示终止值（结果中不包括这个值），第三个参数表示步长（默认为 1），返回一个可迭代对象。

(2) i in range (1, 101) 中 i 的取值为 1，2，3，…，100。

当 i 为 1 时，条件表达式 i in range (1, 101) 为真，执行循环体 s=s+i，即 s=0+1，也就是 s=1；

当 i 为 2 时，条件表达式 i in range (1, 101) 为真，执行循环体 s=s+i，即 s=1+2；

当 i 为 3 时，条件表达式 i in range (1, 101) 为真，执行循环体 s=s+i，即 s=1+2+3；

……

当 i 为 99 时，条件表达式 i in range (1, 101) 为真，执行循环体 s=s+i，即 s=1+2+3+…+99；

当 i 为 100 时，条件表达式 i in range (1, 101) 为真，执行循环体 s=s+i，即 s=1+2+3+…+

99＋100；

当 i 为 101 时，条件表达式 i in range（1，101）为假，结束 for 循环。

（3）调用输出函数 print（），在屏幕上显示结果。

for 循环可以带 else 子句，如果循环因为条件表达式不成立而自然结束（不是因为执行了 break 而结束循环），则执行 else 结构中的语句；如果循环是因为执行了 break 语句而导致循环提前结束，则不执行 else 中的语句。其语法形式为：

```
for  取值 in 序列或迭代对象：
    循环体
else：
    else 子句代码块
```

【例 3.2】 编写程序分别求 0.9 和 1.1 的 365 次方。

```
a = 1；
b = 1；
for i in range (365)：
  a = 1.1 * h；
  b = 0.9 * l；
print ("每天进步一点点，一年后为：%f" %a)；
print ("每天懒惰一点点，一年后为：%f" %b)；
输出结果：
每天进步一点点，一年后为：15158.673574
每天懒惰一点点，一年后为：0.000024
```

思考：1.1 和 0.9 的区别？

1 代表的是原地不动，1 * 1 * 1..... 代表每天一成不变，最终结果还是 1。

1.1 * 1.1 * 1.1...... 假如每天进步一点，日积月累，不断的进步、再进步，一年以后，会变成什么样呢？

0.9 * 0.9 * 0.9...... 可是，如果每天懒散一点，懈怠一点，那么一年以后又会变成什么样呢？

这就是“积极”与“懈怠”的截然不同。有人在自我生命中，加入了“积极”“坚持”的因子，每天努力朝向自己的目标进步一点点，那么，他们的成绩就愈来愈亮丽！可是，有些人“偷懒”“萎靡”，那么他们的命运，可能就会倒退。

3.3.2 while 循环

while 循环常见的用法为：

```
while 条件表达式：
    循环体
```

while 循环

执行过程：

（1）判断条件表达式为真或假。

(2) 当表达式为假时，结束 while 循环。

(3) 当表达式为真时，执行一次循环体，重复执行 (1)。直到表达式为假，结束循环。

【例 3.3】 在屏幕上显示有规律的数字。

示例代码如下：

```
>>> k = 200
>>> while k>1:
k = k/2
print (k)
100.0
50.0
25.0
12.5
6.25
3.125
1.5625
0.78125
```

语句解释：

(1) k>1 为条件表达式，循环体为 k=k/2 和 print (k) 语句。

(2) k 的初始值为 200，判断条件表达式为真或假。

①当 k 为 200 时，条件表达式 k>1 为真，执行循环体 k=k/2，即 k=100，调用输出函数 print ( )，在屏幕上显示结果 100.0。

②当 k 为 100 时，条件表达式 k>1 为真，执行循环体 k=k/2，即 k=50，调用输出函数 print ()，在屏幕上显示结果 50.0。

③当 k 为 50 时，条件表达式 k>1 为真，执行循环体 k=k/2，即 k=25，调用输出函数 print ()，在屏幕上显示结果 25.0。

④当 k 为 25 时，条件表达式 k>1 为真，执行循环体 k=k/2，即 k=12.5，调用输出函数 print ()，在屏幕上显示结果 12.5。

⑤当 k 为 12.5 时，条件表达式 k>1 为真，执行循环体 k=k/2，即 k=6.25，调用输出函数 print ()，在屏幕上显示结果 6.25。

⑥当 k 为 6.25 时，条件表达式 k>1 为真，执行循环体 k=k/2，即 k=3.125，调用输出函数 print ()，在屏幕上显示结果 3.125。

⑦当 k 为 3.125 时，条件表达式 k>1 为真，执行循环体 k=k/2，即 k=1.562 5，调用输出函数 print ()，在屏幕上显示结果 1.562 5。

⑧当 k 为 1.562 5 时，条件表达式 k>1 为真，执行循环体 k=k/2，即 k=0.781 25，调用输出函数 print ()，在屏幕上显示结果 0.781 25。

⑨ 当 k 为 0.781 25 时，条件表达式 k>1 为假，结束 while 循环。

(3) while 循环执行次数为 8 次。

while 循环可以带 else 子句，如果循环因为条件表达式不成立而自然结束（不是因为执行了 break 而结束循环)，则执行 else 结构中的语句；如果循环是因为执行了 break 语句而导致循环提前结束，则不执行 else 中的语句。其语法形式为：

```
while 条件表达式：
     循环体
else：
    else 子句代码块
```

3.3.3 循环结构的嵌套

相同或不同的循环结构之间可以互相嵌套，也可以与选择结构嵌套使用，用来实现更为复杂的逻辑。

【例 3.4】 输出“水仙花数”。所谓水仙花数是指 1 个 3 位的十进制数，其各位数字的立方和恰好等于该数本身。例如，153 是水仙花数，因为 $153=1^3+5^3+3^3$。

示例代码如下：

```
>>> for i in range (100, 1000):
  ge = i % 10
  shi = i//10 % 10
  bai = i//100
  if ge * * 3 + shi * * 3 + bai * * 3 = = i:
    print (i)
153
370
371
407
```

语句解释：

range (100, 1000) 限制了水仙花数的范围为 3 位数，其中变量 ge 为水仙花数的个位数，变量 shi 为十位数，变量 bai 为百位数。

【例 3.5】 打印九九乘法表。

示例代码如下：

```
>>> i = 1
>>> while i< = 9:
     j = 1
     while j< = i:
       mut = j * i
       print (" %d * %d = %d" % (j, i, mut), end = " " )
       j + = 1
     print (" ")
     i + = 1
1 * 1 = 1
1 * 2 = 2 2 * 2 = 4
```

```
1 * 3 = 3 2 * 3 = 6 3 * 3 = 9
1 * 4 = 4 2 * 4 = 8 3 * 4 = 12 4 * 4 = 16
1 * 5 = 5 2 * 5 = 10 3 * 5 = 15 4 * 5 = 20 5 * 5 = 25
1 * 6 = 6 2 * 6 = 12 3 * 6 = 18 4 * 6 = 24 5 * 6 = 30 6 * 6 = 36
1 * 7 = 7 2 * 7 = 14 3 * 7 = 21 4 * 7 = 28 5 * 7 = 35 6 * 7 = 42 7 * 7 = 49
1 * 8 = 8 2 * 8 = 16 3 * 8 = 24 4 * 8 = 32 5 * 8 = 40 6 * 8 = 48 7 * 8 = 56 8 * 8 = 64
1 * 9 = 9 2 * 9 = 18 3 * 9 = 27 4 * 9 = 36 5 * 9 = 45 6 * 9 = 54 7 * 9 = 63 8 * 9 = 72 9 * 9 = 81
```

语句解释：

while 循环结构的嵌套，实现行和列的转换。

```
while j< = i:
    mut = j * i
    print ("%d* %d= %d"% (j, i, mut), end = " " )
    j + = 1
```

该段代码为内循环，控制列的输出。

【例 3.6】 显示如下图形。

```
*
* *
* * *
* * * *
* * * * *
```

示例代码如下：

```
>>> for i in range (1, 6):
    for j in range (1, i+1):
      print (" * ", end=")
    print ('\n')
*
* *
* * *
* * * *
* * * * *
```

语句解释：

for 循环结构的嵌套，显示符合要求的图形。

```
for j in range (1, i+1):
    print (" * ", end=")
```

该段代码为内循环，用来控制列的输出。

【例 3.7】 求 1～100 之间能被 7 整除，但不能同时被 5 整除的所有整数。

示例代码如下：

```
>>> for i in range (1, 101):
  if i%7= =0 and i%5! =0:
```

```
    print (i, end='')
7 14 21 28 42 49 56 63 77 84 91 98
```

语句解释：

循环结构与选择结构进行嵌套，找出所有满足要求的整数。

3.3.4 break 语句和 continue 语句

使用 break 语句和 continue 语句应注意以下几点：

(1) 共同点：break 语句和 continue 语句在 while 循环和 for 循环中都可以使用，并且一般常与选择结构结合使用，以达到在特定条件得到满足时跳出循环的目的。

(2) 区别：一旦 break 语句被执行，整个循环就提前结束。continue 语句的作用是终止本次循环，并忽略 continue 语句之后的所有语句，直接回到循环的顶端，提前进入下一次循环。

(3) 缺点：过多的 break 语句和 continue 语句会严重降低程序的可读性。除非 break 语句或 continue 语句可以让代码更简单或更清晰，否则不要轻易使用。

【例 3.8】 求 100 以内能被 7 整除的最大正整数。

示例代码如下：

```
>>> for i in range (100, 0, -1):
    if i%7==0:
        print (i, end='')
        break
98
```

语句解释：

循环结构与选择结构进行嵌套，一旦 break 语句被执行，将使得整个循环提前结束。

【例 3.9】 删除上面代码中最后一个 break 语句，可以用来输出 100 以内能被 7 整除的所有正整数。

示例代码如下：

```
>>> for i in range (100, 0, -1):
  if i%7==0:
      print (i, end='')
98 91 84 77 70 63 56 49 42 35 28 21 14 7
```

语句解释：

循环结构与选择结构进行嵌套，删除例 3.7 代码中最后一个 break 语句，将所有满足要求的整数输出。

【例 3.10】 求 10 以内的奇数。

示例代码如下：

```
>>> for i in range (1, 10):
```

```
    if i%2==0:
        i+=1
        continue
    print (i, end='')
1 3 5 7 9
```

语句解释：

循环结构与选择结构进行嵌套，continue 语句的作用是终止本次循环，并忽略 continue 之后的所有语句，直接回到循环的顶端，提前进入下一次循环。

3.3.5 死循环

在编写循环结构代码时，一定要警惕可能带来的各种问题，输入下方代码，观察执行结果。

示例代码如下：

```
>>>i=1
>>> while i<10:
    if i%2==0:
      print ("###    你对此次事件负责！    ###")
      continue
    print (i, end='')
    i+=1
```

报错如下：

```
Traceback (most recent call last):
  File "<pyshell#28>", line 3, in <module>
    print ("###    你对此次事件负责！    ###")
  File "C:\Python34\lib\idlelib\PyShell.py", line 1347, in write return self.shell.write (s, self.tags)
KeyboardInterrupt
```

由于代码设计存在问题，从而导致这个循环变成了永不结束的死循环，需要按 Ctrl+C 组合键来强行终止。死循环运行结果如图 3-1 所示。

执行过程：

（1）i 的初始值为 1，执行 while 循环。

（2）条件表达式为 i<10，当 i 为 1 时，条件表达式 1<10 为真，if 后的条件表达式 i%2==0 为假，print ("###   你对此次事件负责！   ###") 和 continue 两条语句都不执行，而是执行 print (i, end='') 和 i+=1。执行完本轮循环后，i 的值为 2。

```
1 ###    你对此次事件负责！    ###
###    你对此次事件负责！    ###
###    你对此次事件负责！    ###
###    你对此次事件负责！    ###
###    你对此次事件负责！    ###
###    你对此次事件负责！    ###
###    你对此次事件负责！    ###
###    你对此次事件负责！    ###
###    你对此次事件负责！    ###
###    你对此次事件负责！    ###
###    你对此次事件负责！    ###
###    你对此次事件负责！    ###
###    你对此次事件负责！    ###
###    你对此次事件负责！    ###
###    你对此次事件负责！    ###
###    你对此次事件负责！    ###
###    你对此次事件负责！    ###
###    你对此次事件负责！    ###
###    你对此次事件负责！    ###
```

图 3-1　死循环运行结果

(3) 当 i 为 2 时，条件表达式 2<10 为真，if 后的条件表达式 i%2==0 真，执行 print ("＃＃＃　你对此次事件负责！　　＃＃＃") 和 continue 两条语句，而执行 continue 语句后跳过本次循环，并忽略 contiune 之后的所有语句，进入到下一次循环。故不执行 print (i, end='') 和 i+=1 语句。循环结束后 i 的值为 2，没有任何变化。

(4) 当 i 为 2 时，重复步骤 (3)，循环变量永远停留在当前的值 2，从而使得循环无法结束。

知识拓展

Python 流程控制

Python 编写的代码在执行流程上主要有顺序执行、选择执行及循环执行。顺序执行不需要特殊的语句处理，没有特殊情况时，程序就是逐条代码按顺序执行；选择执行和循环执行需要有专门的语法规则和语句来实现。

Python 选择语句和 while 循环语句都需要测试表达式的布尔值的 True (真) 和 False (假)。

选择结构和循环结构往往会互相嵌套使用来实现复杂的业务逻辑。

除非 break 语句和 continue 语句可以让代码变得更简单或更清晰，否则不要轻易使用。

思考与练习

1. 编写程序，实现分段函数计算，见表 3-1。

表 3-1　分段函数计算

x	y
$x<0$	$8x-7$
$0\leqslant x\leqslant 10$	$2x^3+6$
$x>10$	$-3x^2+2x-5$

2. 计算 1＋3＋5＋…＋99 的值，即求 100 以内所有奇数的和。
3. 计算 2＋4＋6＋…＋100 的值，即求 100（包括 100）以内所有偶数的和。
4. 写出下列程序的执行结果。

```
a = [3, 5, 58, 23, 41]
for i in range (4):
    if a [i] >a [i+1]:
        a [i], a [i+1] =a [i+1], a [i]
    print (a)
```

5. 鸡兔同笼问题。假设共有鸡、兔 30 只，脚 90 只，求鸡、兔各有多少只。
6. 求自己的 6 科考试的总分和平均分。

单元 4 Python序列

学习目标

知识目标

1. 了解序列的基本知识。
2. 掌握列表、元祖、字典和集合等序列。
3. 掌握常见的内置函数的用法。

技能目标

1. 能够运用相关序列知识对代码进行分析。
2. 能够对序列中的元素进行操作。

知识脉络图

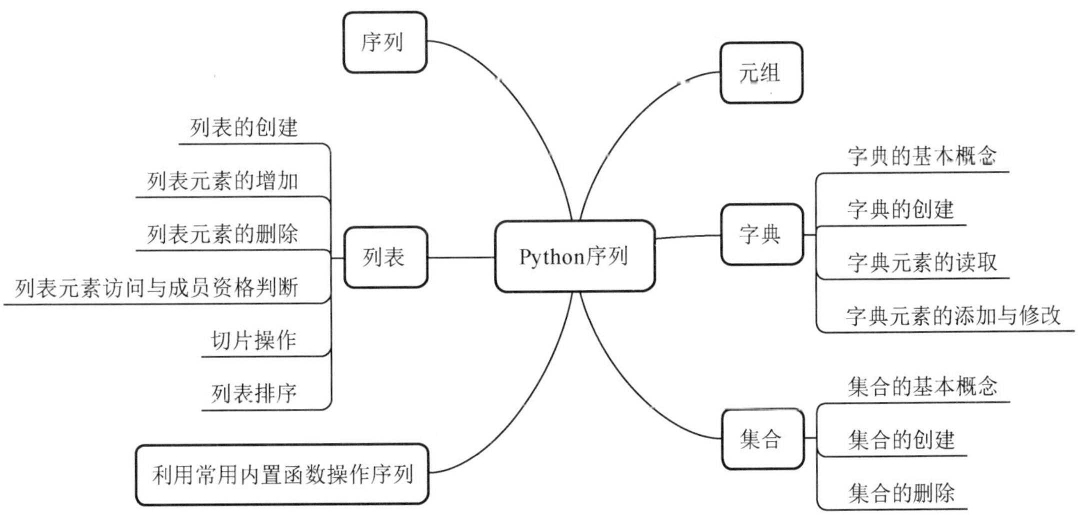

任务 4.1 序列

序列是程序设计中经常用到的数据存储方式，是一块用来存放若干值（元素）的连续内存空间。同一个序列中的元素通常是相关的，Python 提供的序列类型可以说是所有程序设计语言中最灵活也是功能最强大的。

Python 中常用的序列结构有字符串、列表、元组、字典、集合等。

双向索引，第一个元素下标为 0，第二个元素下标为 1，第三个元素下标为 2，以此类推；如果使用负数作为索引，则最后一个元素下标为－1，倒数第二个元素下标为－2，倒数第三个元素下标为－3，以此类推。可以使用负整数作为序列索引是 Python 的一大特色，熟练掌握和运用可以大幅度提高开发效率。

任务 4.2 列表

列表是 Python 的内置可变序列，在形式上，列表的所有元素放在一对方括号“[”和“]”中，相邻元素之间使用逗号分隔开。应尽量从列表尾部进行元素的增加与删除操作，会大幅度提高列表处理的速度。

当列表增加或删除元素时，列表对象自动进行内存扩展或收缩，从而保证元素之间没有缝隙，但这涉及列表元素的移动，效率较低，应尽量从列表尾部进行元素的增加与删除操作，以提高处理速度。

在 Python 中，同一个列表中元素的类型可以不相同，例如：

```
[10, 20, 30, 40]                          #类型一致，同时包含整数
['apple','banana','orange']               #类型一致，同时包含字符串
['Tom', 5, [80, 90], 'America']           #类型不一样，包含字符串、整数、列表等
[['file1', 100, 6], ['file2', 150, 8]]    #类型一致，同时包含列表
```

4.2.1 列表的创建

使用赋值运算符“＝”直接将一个列表赋值给变量即可创建列表对象。

示例代码如下：

```
>>> a_list = ['a', 'b', 'happy', 'c']
>>> b_list = []
```

语句解释：

a _ list=［'a'，'b'，'happy'，'c'］语句直接给 a _ list 赋值，b _ list=［］语句创建空列表。也可以使用 list（ ）函数将其他类型的数据转换为列表。

示例代码如下：

```
>>> list (range (1, 10, 2) )
[1, 3, 5, 7, 9]
>>> list ('study hard')
['s','t','u','d','y','','h','a','r','d']
>>> x = list ( )
```

语句解释：

代码中用到了内置函数 range（ ）。

该函数的语法为：

```
range ( [start,] stop [, step] )
```

内置函数 range（ ）接收 3 个参数，第一个参数表示起始值（默认为 0），第二个参数表示终止值（结果中不包括这个值），第三个参数表示步长（默认为 1）。

4.2.2 列表元素的增加

增加列表元素可以选用 append（ ）、extend（ ）和 insert（ ）3 种语句。

列表元素的增加

（1）使用列表对象的 append（ ）语句，原地修改列表。

示例代码如下：

```
>>> cList = [3, 5, 7, 9]
>>> cList.append (11)
>>> cList
[3, 5, 7, 9, 11]
```

语句解释：

append（ ）语句是真正意义上的在列表尾部添加元素，速度快，是推荐使用的方法。

（2）使用列表对象的 extend（ ）语句可以将另一个迭代对象的所有元素添加至该列表对象的尾部。

示例代码如下：

```
>>> d = [3, 4, 5]
>>> d.extend ( [1, 2, 3] )
>>> d
[3, 4, 5, 1, 2, 3]
>>> d.extend ( [12, 13] )
>>> d
[3, 4, 5, 1, 2, 3, 12, 13]
```

语句解释：

extend（ ）语句可以将另一个迭代对象的所有元素添加至该列表对象的尾部。

（3）使用列表对象的 insert（ ）语句将元素添加至列表的指定位置。除非必要，应尽量避免在列表中间位置插入和删除元素的操作，优先考虑使用 append（ ）语句。

示例代码如下：

```
>>> e=[1, 3, 5, 7, 9]
>>> e.insert(2, 8)
>>> e
[1, 3, 8, 5, 7, 9]
```

语句解释：

列表 e 中，元素 1 的下标为 0，元素 3 的下标为 1，元素 5 的下标为 2，以此类推，元素 7 的下标为 3，元素 9 的下标为 4。e.insert（2，8）语句中的 2 为列表 e 的下标，8 为要插入的元素，插入的位置在元素 3（下标为 1）之后，插入位置之后的所有元素会全部后移。

4.2.3 列表元素的删除

删除列表元素可以选用 del 命令或 remove（ ）语句。

（1）使用 del 命令删除列表中的指定位置上的元素，也可以直接删除整个列表。

示例代码如下：

```
>>> f=[2, 4, 6, 8, 10]
>>> del f[2]
>>> f
[2, 4, 8, 10]
>>> del f
>>> f
Traceback (most recent call last):
  File "<pyshell#134>", line 1, in <module>
    f
NameError: name 'f' is not defined
```

语句解释：

del f［2］语句中的 2 为列表 f 的下标，对应的元素为 6。直接删除整个列表后，再显示列表会报错。

（2）使用列表对象的 remove（ ）方法删除首次出现的指定元素。

示例代码如下：

```
>>> h=[1, 2, 3, 1, 3, 5, 1, 4, 16]
>>> h.remove(1)
>>> h
[2, 3, 1, 3, 5, 1, 4, 16]
>>> h.remove(1)
>>> h
[2, 3, 3, 5, 1, 4, 16]
```

语句解释：

使用 h.remove（1）语句删除首次出现的元素 1。

4.2.4 列表元素访问与成员资格判断

(1) 可以使用下标直接访问列表中的元素。如果指定下标不存在，则抛出异常提示下标越界。

示例代码如下：

```
>>> xList= [1, 2, 3, 4, 5, 6]
>>> xList [0]
1
>>> xList [3]
4
>>> xList [0] =8
>>> xList
[8, 2, 3, 4, 5, 6]
>>> xList [10]
Traceback (most recent call last):
  File "<pyshell#149>", line 1, in <module>
    xList [10]
IndexError: list index out of range
```

语句解释：

列表 xList 中的下标从 0 开始，可以运用下标读取列表中的元素或给列表中的元素重新赋值。

(2) 使用列表对象的 index ( ) 语句可以获取指定元素首次出现的下标。

示例代码如下：

```
>>> yList= [2, 4, 6, 8, 10, 12]
>>> yList. index (6)
2
>>> yList. index (10)
4
>>> yList (20)
Traceback (most recent call last):
  File "<pyshell#155>", line 1, in <module>
    yList (20)
TypeError: 'list' object is not callable
```

语句解释：

index ( ) 语句的语法为：

index (value, [start, [stop]])

其中，start 和 stop 用来指定搜索范围，start 默认为 0，stop 默认为列表长度。若列表对象中不存在指定元素，则抛出异常提示列表中不存在该值。

(3) 成员资格判断。

成员资格判断所使用的 in 和 not in 运算符在 2.7.2 节中已经介绍过。

示例代码如下：

```
>>> aList = [1, 3, 5, 7, 9]
>>> 1 in aList
True
>>> 2 in aList
False
>>> 3 in aList
True
>>> bList = [[1], [3], [5], [7], [9]]
>>> 1 in bList
False
>>> [1] in bList
True
```

语句解释：

使用关键字 in 判断一个值是否存在于列表中，返回结果为 True 或 False。使用关键字 not in 判断一个值是否不存在于列表中，返回结果为 True 或 False。

4.2.5 切片操作

切片是 Python 序列的重要操作之一，适用于列表、元组、字符串、range 对象等类型。

切片

切片使用 2 个冒号分隔的 3 个数字来完成：

(1) 第一个数字表示切片开始位置（默认为 0）。

(2) 第二个数字表示切片截止（但不包含）位置（默认为列表长度）。

(3) 第三个数字表示切片的步长（默认为 1），当步长省略时，可以顺便省略最后一个冒号。

示例代码如下：

```
>>> cList = [1, 3, 5, 7, 9, 11, 13]
>>> cList [::]
[1, 3, 5, 7, 9, 11, 13]
>>> cList [:: -1]
[13, 11, 9, 7, 5, 3, 1]
>>> cList [:: 3]
[1, 7, 13]
```

语句解释：

cList [::] 的方括号中 3 个数字全部省略，第一个数字默认为 0，第二个数字默认为列表长度，第三个数字默认为 1。

cList [:: -1] 的方括号中最后一个数字为-1，表示切片可以逆序输出列表。

cList [:: 3] 的方括号中最后一个数字为 3，表示切片的步长为 3。

切片操作的功能：

(1) 可以使用切片来截取列表中的任何部分，得到一个新列表。

示例代码如下：

```
>>> cList = [1, 3, 5, 7, 9, 11, 13]
>>> cList [1:: 3]
[3, 9]
>>> cList = [1, 3, 5, 7, 9, 11, 13]
>>> cList [2: 5]
[5, 7, 9]
>>> cList [2: 5: 1]
[5, 7, 9]
```

语句解释：

cList [1:: 3] 表示使用切片截取列表中初始下标为1：步长为3的元素组成新列表，即 [3, 9]。cList [2: 5] 表示使用切片截取列表中初始下标为2、终止下标为5的元素组成新列表，即 [5, 7, 9]。cList [2: 5: 1] 表示使用切片截取列表中初始下标为2、终止下标为5、步长为1的元素组成新列表，即 [5, 7, 9]。

（2）可以通过切片来修改列表中部分元素。

示例代码如下：

```
>>> cList = [1, 3, 5, 7, 9, 11, 13]
>>> cList [: 2] = [2, 4]
>>> cList
[2, 4, 5, 7, 9, 11, 13]
```

语句解释：

cList [: 2] = [2, 4] 表示将列表 cList 中下标为0的元素1修改为2，将下标为1的元素3修改为4。

（3）可以通过切片来删除列表中部分元素。

示例代码如下：

```
>>> cList = [1, 3, 5, 7, 9, 11, 13]
>>> cList [: 3] = []
>>> cList
[7, 9, 11, 13]
```

语句解释：

cList [: 3] = [] 表示将列表 cList 中下标为0、1、2的元素全部删除。

可以结合使用 del 命令与切片操作来删除列表中的部分元素。

示例代码如下：

```
>>> cList = [1, 3, 5, 7, 9, 11, 13]
>>> del cList [: 3]
>>> cList
[7, 9, 11, 13]
```

语句解释：

del cList [: 3] 同样表示将列表 cList 中下标为0、1、2的元素全部删除。

（4）可以通过切片操作为列表对象增加元素。

示例代码如下：

```
>>> cList = [1, 3, 5, 7, 9, 11, 13]
>>> cList [7:] = [15]
>>> cList
[1, 3, 5, 7, 9, 11, 13, 15]
```

语句解释：

cList [7:] = [15] 表示将列表 cList 中下标为 7 的元素赋值为 15。

(5) 切片操作不会因为下标越界而抛出异常，而是简单地在列表尾部截断或者返回一个空列表，代码具有更强的健壮性。

示例代码如下：

```
>>> cList = [1, 3, 5, 7, 9, 11, 13]
>>> cList [0: 15: 1]
[1, 3, 5, 7, 9, 11, 13]
>>> cList [20:]
[]
```

语句解释：

cList [0: 15: 1] 中列表的初始下标为 0，终止下标越界，得到的新列表与原列表相同。

cList [20:] 中初始下标为 20，已经越界，返回空列表，不会报错。

4.2.6 列表排序

(1) 使用列表对象提供的 sort ( ) 语句进行原地排序。

示例代码如下：

```
>>> m = [1, 2, 3, 4, 5, 6, 7, 8, 9]
>>> import random
>>> random.shuffle (m)
>>> m
[3, 7, 5, 4, 1, 2, 8, 6, 9]
>>> m.sort ()
>>> m
[1, 2, 3, 4, 5, 6, 7, 8, 9]
>>> m.sort (reverse = True)
>>> m
[9, 8, 7, 6, 5, 4, 3, 2, 1]
```

语句解释：

random.shuffle (m) 用来打乱列表 m 中元素的顺序。

m.sort ( ) 默认将列表 m 中的元素进行升序排列。

m.sort (reverse=True) 将列表 m 中的元素进行降序排列。

(2) 可以使用列表对象提供的 reverse ( ) 语句将所有元素逆序排列。

示例代码如下：

```
>>> k= [2, 3, 5, 7, 11, 13, 17, 23]
>>> k.reverse ( )
>>> k
[23, 17, 13, 11, 7, 5, 3, 2]
```

语句解释：

将所有元素位置反转，第一个元素与最后一个元素交换位置，第二个元素与倒数第二个元素交换位置。

任务 4.3 利用常用内置函数操作序列

对序列进行操作可以直接使用关系运算符，也可以使用内置函数。常见的内置函数包括 len（列表）、max（列表）、min（列表）、sum（列表）、zip（列表 1，列表 2，…）和 count（ ）等。

（1）直接使用关系运算符来比较数值或序列的大小。

常见内置函数

示例代码如下：

```
>>> (1, 2, 3) < (1, 2, 4)
True
>>> [1, 2, 3] < [1, 2, 4]
True
>>> 'ABC'<'C'<'Pascal'<'Python'
True
>>> (1, 2, 3, 4) < (1, 2, 4)
True
>>> (1, 2) < (1, 2, -1)
True
>>> (1, 2, 3) == (1.0, 2.0, 3.0)
True
>>> (1, 2, ('aa', 'ab') ) < (1, 2, ('abc', 'a'), 4)
True
>>> 'a'>'A'
True
```

语句解释：

关系运算符主要包括：>（大于）、<（小于）、==（等于）、>=（大于等于）、<=（小于等于）、! =（不等于）。

（2）len（列表）：返回列表中的元素个数，同样适用于元组、字典、集合、字符串、range 对象等各种可迭代对象。

示例代码如下：

```
>>> w= [1, 3, 5]
>>> w [len (w):]
```

```
[]
>>> w [len (w):] = [7, 9]
>>> w
[1, 3, 5, 7, 9]
```

语句解释：

len（w）表示列表 w 中的元素个数，结果为 3。

（3）max（列表）、min（列表）：返回列表中的最大或最小元素。

示例代码如下：

```
>>> a= [2, 4, 6, 8, 10]
>>> max (a)
10
>>> min (a)
2
```

语句解释：

这两个内置函数不仅适用于列表，还适用于元组、字符串、集合、range 对象、字典等，要求所有元素之间可以进行大小比较。

（4）sum（列表）：对数值型列表的元素进行求和运算。

示例码如下：

```
>>> b= [1, 3, 5, 7, 9]
>>> sum (b)
25
```

语句解释：

此内置函数不仅适用于列表，同样适用于数值型元组、集合、range 对象、字典等。

（5）zip（列表 1，列表 2，…）：将多个列表或元组对应位置的元素组合为元组，并返回包含这些元组的 zip 对象。

示例代码如下：

```
>>> m= [1, 2, 3]
>>> n= [4, 5, 6]
>>> list (zip (m, n) )
[ (1, 4), (2, 5), (3, 6) ]
```

语句解释：

list（ ）函数将 zip 对象的数据转换为列表。list（ ）函数可以将元组、range 对象、字符串或其他类型的可迭代对象类型的数据转换为列表。

（6）count（ ）方法用于统计某个元素在序列里出现的次数。

示例代码如下：

```
>>> a_list= ['a', 'iplayPython.com', 'c', 'b', 'a']
>>> a_list.count ('a')
2
>>> a_list.count ('b')
1
```

```
>>> a_list.count ('d')
0
```

语句解释：

字符串'iplayPython.com'中的a不是元素'a'，元素是用逗号间隔的个体。列表a_list中的字符串'a'是元素，可以统计在列表中出现的次数。

当对象是一个嵌套的列表时，要查找嵌套列表中的列表参数，用count（）语句同样可以完成。

```
>>> b_list = [1, 2, 'Python', [1, 2], [1, 2]]
>>> b_list.count (1)
1
>>> b_list.count ('Python')
1
>>> b_list.count ([1, 2])
2
```

语句解释：

[1，2]与1是不同的，用count（）方法统计时需要区分。刚接触Python语言时，很容易把len（）和count（）两种语句的作用混淆。结合实例仔细体会两者的区别。

任务 4.4 元组

元组是Python的重要的序列结构，属于不可变序列，定义元组时所有元素放在一对圆括号“（”和“）”中。

元组的创建

使用“=”将一个元组赋值给变量，就可以创建一个元组变量。

```
>>>w_tuple = ('a',)
```

示例代码如下：

```
>>> m=5
>>> m
5
>>> m= (5)
>>> m
5
>>> m=3,
>>> m
(3,)
>>> m= (3,)
>>> m
(3,)
```

语句解释：

如果要创建只包含一个元素的元组，只把元素放在圆括号里是不行的，还需要在元素后面加一个逗号“,”消除歧义。

创建包含多个元素的元组，直接使用“=”即可。

示例代码如下：

```
>>> w_tuple= ('a', 'b', 'hello', 'c')
>>> w_tuple
('a','b','hello','c')
>>> m= ()
```

语句解释：

m= () 表示创建了一个空元组，不返回任何内容。

可以使用 tuple ( ) 函数将其他类型序列转换为元组。

示例代码如下：

元组转换

```
>>> print (tuple ('hello') )
('h','e','l','l','o')
>>> a= [-5, 4, 3.14, 8, -7.6]
>>> tuple (a)
(-5, 4, 3.14, 8, -7.6)
>>> b=tuple ( )
```

语句解释：

b=tuple ( ) 表示创建了一个空元组。只能使用 del 命令删除整个元组对象，而不能只删除元组中的部分元素，因为元组属于不可变序列。

元组的访问和处理速度比列表更快，可以对不需要修改的数据进行“写保护”，从而在实现上不允许修改其元素值，使代码更加安全。与字符串一样，元组之间可以使用“+”号和“*”号进行运算。这就意味着它们可以组合和复制，运算后会生成一个新的元组。序列解包可以使用非常简洁的形式完成复杂的功能，大幅度提高代码的可读性，并且减少程序员的代码输入量。

示例代码如下：

```
>>> a, b=5, 6
>>> print (a, b)
5 6
>>> a, b, c=7, 8, 9
>>> print (a, b, c)
7 8 9
>>> print (a)
7
>>> print (b)
8
>>> print (c)
9
>>> print (a, b)
7 8
```

语句解释：

可以使用序列解包功能对多个变量同时进行赋值。

任务 4.5 字典

4.5.1 字典的基本概念

字典是键值对的无序集合。所谓键值对是字典中的每个元素由键和值两部分组成。键是关键字，值是与关键字相关的数据。通过键可以找到与其相关的值，而通过值无法找到与其相关的键。可以把字典看成一个哈希表，字典中某个元素的值完全由对应的键通过一个哈希算法得到，向字典中添加一个元素就是向字典添加一个键，同时必须向字典添加一个与键相关的值。

字典的创建

字典具有以下主要特点：

（1）字典是“键－值对”的无序可变序列。

（2）字典中的每个元素包含两部分：“键”和“值”，定义字典时，每个元素的“键”和“值”用冒号分割，相邻元素之间用逗号分隔，所有的元素放在一对大括号“{”和“}”中。

示例代码如下：

```
>>> m_dict = {'name': 'Wang Xiao-ming', 'age': 18}
>>> m_dict
{'age': 18, 'name': 'Wang Xiao-ming'}
```

语句解释：

因为字典是无序序列，所以字典 m_dict 的“键－值对”的顺序不固定，也就是说“name”的位置不论在首位，还是在第二位，都是正确的。

（3）字典中的“键”可以是 Python 中任意不可变数据。

示例代码如下：

```
>>> a_dict = {1: 'Li-yue', 2: 18, 3: 'Chinese'}
>>> a_dict
{1: 'Li-yue', 2: 18, 3: 'Chinese'}
>>> b_dict = {1.1: 'Li-yue', 2.2: 18, 3.3: 'Chinese'}
>>> b_dict
{3.3: 'Chinese', 2.2: 18, 1.1: 'Li-yue'}
>>> c_dict = {1+2j: 'Li-yue', 2+3j: 18, 3+4j: 'Chinese'}
>>> c_dict
{(3+4j): 'Chinese', (2+3j): 18, (1+2j): 'Li-yue'}
>>> d_dict = {'name': 'Li-yue', 'age': 18, 'country': 'Chinese'}
>>> d_dict
{'age': 18, 'name': 'Li-yue', 'country': 'Chinese'}
>>> e_dict = {(1, 1): 'red', (2, 2): 'green', (3, 3): 'blue'}
>>> e_dict
{(3, 3): 'blue', (1, 1): 'red', (2, 2): 'green'}
```

语句解释：

代码中列举了一些不可变数据，如整数、实数、复数、字符串、元组等。

（4）字典中的“键”不允许重复，而“值”可以重复。

示例代码如下：

```
>>> f_dict = {'姓名：': '赵越', '年龄': 8, '喜欢的数字': 8, '星座': '天秤座'}
>>> f_dict
{'喜欢的数字': 8, '星座': '天秤座', '姓名：': '赵越', '年龄': 8}
```

语句解释：

字典中的键分别为：“姓名：”“年龄”“喜欢的数字”“星座”，不允许重复。值分别为“赵越”8，8，“天秤座”，出现了重复的数字8，所以字典中的值可以重复。

4.5.2 字典的创建

创建字典有以下几种方法：

（1）使用“=”将一个字典赋值给一个变量。

示例代码如下：

```
>>> m_dict = {'属相': '猪', '出生月份': '1月'}
>>> m_dict
{'出生月份': '1月', '属相': '猪'}
```

语句解释：

使用“=”可以直接创建一个字典变量。

（2）使用内置函数dict（）通过已有数据快速创建字典。

示例代码如下：

```
>>>keys = [1, 2, 3, 4]
>>>values = ['apple', 'banana', 'orange', 'lemon']
>>>a = dict (zip (keys, values) )
>>>print (a)
{1: 'apple', 2: 'banana', 3: 'orange', 4: 'lemon'}
```

语句解释：

zip（列表1，列表2，…）：将多个列表或元组对应位置的元素组合为元组，并返回包含这些元组的zip对象。

keys为列表1，values为列表2，zip（keys，values）将两个列表对应位置的元素组合为元组，并返回包含这些元组的对象。dict（）函数将zip对象的数据转换为字典。

（3）根据给定的“键-值对”来创建字典。

示例代码如下：

```
>>> b = dict (name = 'Jenny', age = 18)
>>> b
{'name': 'Jenny', 'age': 18 }
```

语句解释：

```
>>> b=dict (name='Jenny', age=18)
```

使用“=”分别给“键-值对”赋值。

(4) 创建给定内容为“键”,“值”为空的字典。

示例代码如下:

```
>>> c = dict (name = 'Tom', age = None)
>>> c
{'name': 'Tom', 'age': None}
```

语句解释:

c=dict (name='Tom', age=None) 表示创建一个字典,其中 age 的键值为 None,即值为空。

(5) 创建空字典。

示例代码如下:

```
>>> d = dict ( )
>>> d
{}
>>> e = {}
>>> e
{}
```

语句解释:

d=dict ( ) 语句和 e= { } 语句是创建空字典的两种方法,根据自己的编程习惯,任意一种方法都可以。

4.5.3 字典元素的读取

读取字典中的元素有以下几种方法:

字典元素的读取

(1) 可以使用下标的方式来访问字典中的元素。

示例代码如下:

```
>>> f = {'name': 'Jerry', 'sex': 'male', 'age': 19}
>>> f ['name']
'Jerry'
>>> f ['sex']
'male'
>>> f ['age']
19
>>> f ['tel']
Traceback (most recent call last):
  File "<pyshell#5>", line 1, in <module>
    f ['tel']
KeyError: 'tel'
```

语句解释:

字典的下标是字典的“键”,若指定的“键”不存在,则抛出异常。

(2) 使用字典对象的 get ( ) 语句可以获取指定“键”对应的“值”。

示例代码如下：

```
>>> k = {'name': 'Liu', 'sex': 'female', 'age': 23}
>>> print (k.get ('address') )
None
>>> print (k.get ('address', 'Tianjin') )
Tianjin
```

语句解释：

在指定“键”不存在的时候返回指定值，如果不指定，则默认返回 None。

也可以使用 get（ ）语句添加元素，与列表相结合，添加一个元素，该元素包含一系列的数据，全部包含在列表中。

示例代码如下：

```
>>> n = {'name': 'Zhao', 'sex': 'male', 'age': 18}
>>> n
{'name': 'Zhao', 'sex': 'male', 'age': 18}
>>> n ['score'] = n.get ('score', [] )
>>> n
{'name': 'Zhao', 'sex': 'male', 'age': 18, 'score': [] }
>>> n ['score'] .append (90)
>>> n
{ 'name': 'Zhao', 'sex': 'male', 'age': 18, 'score': [90] }
>>> n ['score'] .append (82)
>>> n
{ 'name': 'Zhao', 'sex': 'male', 'age': 18, 'score': [90, 82] }
>>> n ['score'] .append (86)
>>> n
{ 'name': 'Zhao', 'sex': 'male', 'age': 18, 'score': [90, 82, 86] }
```

语句解释：

n ['score'] =n.get（'score', [] ）表示添加一个空列表作为“键”score 对应的“值”。

n ['score'] .append（90）表示向“键” score 的值，也就是空列表中，添加一门课的成绩。

n ['score'] .append（82）表示向“键” score 的值，添加第二门课的成绩。

（3）使用字典对象的 items（ ）语句可以返回字典的“键－值对”列表。

示例代码如下：

```
>>> x = {'name': 'Li', 'age': 17, 'color': 'Blue'}
>>> print (x.items () )
dict_items ( [ ('name', 'Li'), ('color', 'Blue'), ('age', 17) ] )
```

语句解释：

items（ ）语句可以将字典中的“键－值对”用列表的形式显示出来。同样的“键－值对”，显示的方法不一样，根据用户需要进行选择使用。

（4）使用字典对象的 keys（ ）语句可以返回字典的“键”列表。

示例代码如下：

```
>>> x = {'name': 'Li', 'age': 17, 'color': 'Blue'}
>>> print (x.keys () )
dict_keys ( ['name','color','age'] )
```

语句解释：

keys ( ) 语句可以将字典中的“键”作为单项进行提取和显示。

(5) 使用字典对象的 values ( ) 语句可以返回字典的“值”列表。

示例代码如下：

```
>>> x = {'name': 'Li', 'age': 17, 'color': 'Blue'}
>>> print (x.values () )
dict_values ( ['Li','Blue', 17] )
```

语句解释：

values ( ) 语句可以将字典中的“值”作为单项进行提取和显示。

4.5.4 字典元素的添加与修改

添加或修改字典元素可以使用下标直接赋值，也可以使用 update ( ) 语句。

(1) 当以指定“键”为下标为字典元素赋值时，若该“键”存在，则表示修改该“键”的值；若不存在，则表示添加一个新的“键-值对”，也就是添加一个新元素。

示例代码如下：

```
>>> y = {'姓名': '小白', '年龄': 18}
>>> y ['年龄'] = 19
>>> y
{'年龄': 19, '姓名': '小白'}
>>> y ['籍贯'] = '天津'
>>> y
{ '年龄': 19, '籍贯': '天津', '姓名': '小白'}
```

语句解释：

y= {'姓名': '小白', '年龄': 18} 语句中“键”为“年龄”，其所对应的“值”为 18。通过 y ['年龄']=19 语句进行赋值，将“年龄”作为下标，将'年龄'的“值”修改为 19。

字典中不存在“籍贯”这个键，使用 y ['籍贯'] ='天津' 语句添加一个新的“键-值对”，即添加新元素'籍贯': '天津'。

(2) 使用字典对象的 update ( ) 方法将另一个字典的“键-值对”一次性全部添加到当前字典对象。

示例代码如下：

```
>>> z = {'name': 'White', 'age': 18}
>>> w = {'country': 'China', 'sex': 'male'}
>>> z.update (w)
>>> z
{'country': 'China', 'name': 'White', 'age': 18, 'sex': 'male'}
```

语句解释：

z.update（w）语句将字典 w 中所有的“键一值对”一次性添加到字典 z。

如果两个字典中存在相同的“键”，则以另一个字典中的“值”为准对当前字典进行更新。

示例代码如下：

```
>>> a = {'name': 'Black', 'age': 18, 'country': 'China'}
>>> b = {'age': 19, 'sex': 'male'}
>>> a.update(b)
>>> a
{'age': 19, 'country': 'China', 'sex': 'male', 'name': 'Black'}
```

语句解释：

字典 a 和 b 中存在相同的“age”，字典 a 中的“值”为 18，字典 b 中的“值”为 19。a.update（b）表示以字典 b 中的 19 为准，对字典 a 中的“age”进行更新，将 18 更新为 19。

任务 4.6　集合

4.6.1　集合的基本概念

集合是源于数学的概念，一组无序的、互异的、确定的对象汇总成的集体。这些对象称为该集合的元素。Python 将数学中集合的概念原封不动地引入到其数据类型中。

集合具有以下几个特点：

（1）集合是无序可变序列。

（2）使用一对大括号作为界定符。

（3）同一个集合的元素之间不允许重复。

（4）集合中每一个元素都是唯一的。

4.6.2　集合的创建

创建集合有以下几种方法：

（1）直接将集合赋值给变量即可创建一个集合对象。

示例代码如下：

集合的创建

```
>>> x = {2, 4, 6}
>>> x.add(8)
>>> x
{8, 2, 4, 6}
>>> x.add(10)
>>> x
{8, 2, 10, 4, 6}
```

语句解释：

x.add（8）语句使用集合对象的 add（ ）方法增加元素 8。

（2）使用 set（ ）函数将列表、元组等其他可迭代对象转换为集合。

示例代码如下：

```
>>> a = set ([1, 3, 5, 7, 9])
>>> a
{1, 9, 3, 5, 7}
>>> b = set ((2, 4, 6, 8, 10))
>>> b
{8, 2, 10, 4, 6}
```

语句解释：

set（ ）函数可以实现序列形式的转换。

（3）如果原来的数据中存在重复元素，则在转换为集合的时候只保留一个。

示例代码如下：

```
>>> c = [1, 3, 5, 1, 9, 25, 1, 5, 7]
>>> d = set (c)
>>> d
{1, 3, 5, 7, 9, 25}
```

语句解释：

列表 c=［1，3，5，1，9，25，1，5，7］中，元素 1 出现 3 次，元素 5 出现 2 次。d=set（c）语句运用 set（ ）函数将列表 c 中的元素 1 和 5 保留一次，并转换为集合 d。

（4）创建空集合。

示例代码如下：

```
>>> e = set ()
```

语句解释：

进行空集合的创建。

4.6.3 集合的删除

删除集合可以使用 del 命令，也可以使用 remove（ ）和 clear（ ）语句。

集合的删除

（1）可以使用 del 命令删除整个集合。

示例代码如下：

```
>>> k = {1, 2, 3}
>>> del k
>>> k
Traceback (most recent call last):
  File "<pyshell#18>", line 1, in <module>
    k
NameError: name 'k' is not defined
```

语句解释：

集合 k 使用 del 命令删除之后，用户再次显示 k 时会抛出异常。

(2) 使用集合对象的 remove ( ) 语句直接删除指定元素。

示例代码如下：

```
>>> w= {1, 3, 5, 7}
>>> w.remove (5)
>>> w
{1, 3, 7}
```

语句解释：

>>> w.remove (5)

直接删除集合 w 中的元素 5。

(3) 使用集合对象的 clear ( ) 语句清空集合删除所有元素。

示例代码如下：

```
>>> x= {2, 4, 6}
>>> x.clear ()
>>> x
set ()
```

语句解释：

使用 clear ( ) 语句将集合 x 清空之后，用户再次显示 x 时不会抛出异常。

知识拓展

Python 复杂数据结构

在应用开发中，除了 Python 序列等基本数据类型之外，还经常需要使用其他一些数据结构，例如堆、栈、队列、树、图等。其中有些结构 Python 本身已经提供了，而有些则需要自己利用 Python 基本序列或其他数据类型来实现。

堆是一种重要的数据结构，在进行排序时使用较多，优先队列也是堆结构的一个重要应用。

栈是一种“先进后出”或“后进先出”的数据结构，Python 列表本身就可以实现栈结构的基本操作。

队列的特点是“先进先出”和“后进后出”，在多线程编程、作业处理等应用中有着重要的作用。

思考与练习

列表：

1. 为什么应尽量从列表的尾部进行元素的增加和删除操作？
2. 创建列表 [1, 3, 5]。
3. 创建列表 [1 的平方, 3 的平方, 5 的平方]。
4. 创建列表 [1 的立方, 3 的立方, 5 的立方]。
5. 将 3 个列表合成一个列表。
6. 用 del 命令删除合成之后总列表中的所有的数字 1，并显示列表。

思考与练习

7. 使用 remove 命令删除合成之后总列表中的所有的数字 1，并显示列表。
8. 使用 del 命令与切片操作删除合成之后总列表中的所有的数字 1，并显示列表。
9. 用 range 创建列表 [1，3，5，7，9]。
10. 用 range 创建列表 [2，4，6，8，10]。
11. 创建列表 [1 的平方，2 的立方，3 的 4 次方，4 的 5 次方，5 的 6 次方]。
12. 合并三个列表，删除列表中的 1，显示列表。
13. 用 range 创建列表 [1，3，5，7，9]。
14. 创建列表 [2，2，2，4，4，6，6，8，10]。
15. 合并列表。
16. 删除列表中的 4。
17. 将列表元素 7 改为 95。
18. 统计列表元素 2 出现的次数。
19. 将前三个列表元素改为 [15，13，11]。
20. 对列表升序排列一次，并显示该列表。
21. 对列表逆序排列一次，并显示该列表。

元组：

1. 用 range 创建列表 [2，4，6，8，10，12，14]，返回列表中的元素个数。
2. 对列表中的元素进行求和运算。
3. 创建列表 [98，86，75，82，72，60，92]。
4. 返回列表中的最大元素和最小元素。
5. 将两个列表组合为元组，并显示该元组。

字典：

1. 创建字典'姓名'：'* * *'，'学号'：'# #'，'性别'：'男'，'年龄'：'18'，'出生日期'：'* * * * 年 * * 月 * * 日'。
2. 创建完毕，增加字典元素'各门课的成绩'：[87，96，73]，显示完整字典。

集合：

1. 用 range 创建列表 [2，4，6，8，10，12，14]。
2. 创建列表 [1，2，3，4，5，6，7]。
3. 合并两个列表，并将其转换为集合，显示该集合。
4. 为该集合增加 15，16，17 三个元素，显示集合。
5. 删除集合。

单元5 函数

学习目标

知识目标

1. 掌握函数的定义与调用。
2. 了解变量作用域。
3. 掌握函数嵌套调用和递归调用的方法。

技能目标

1. 能够编写简单的函数。
2. 能够读懂 lambda 表达式和模块的简单使用。
3. 能够分析具有函数的代码。

知识脉络图

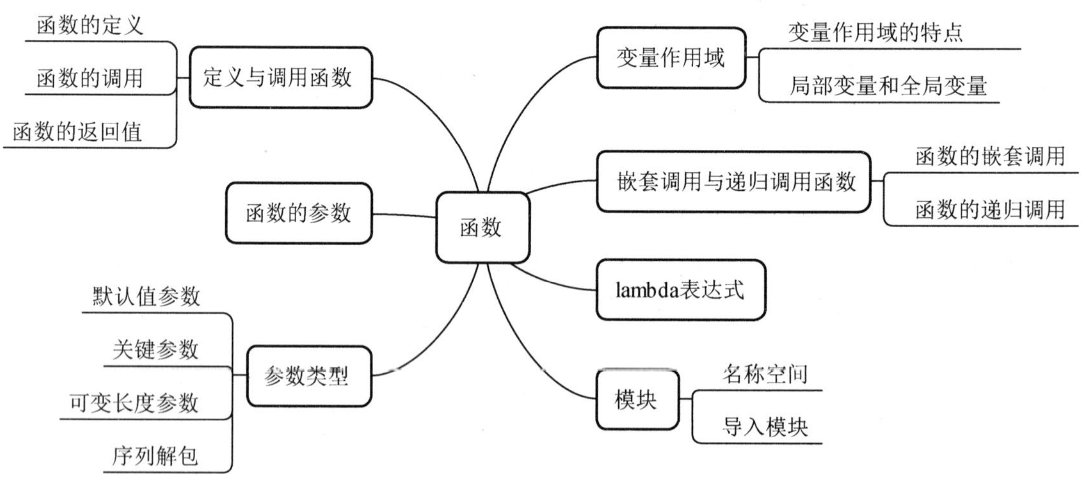

任务 5.1 定义与调用函数

5.1.1 函数的定义

思政先锋

三国演义有这样一段描写，司马懿预言诸葛亮命不久矣。为什么呢？二十军棍以上的事都要过问，一定十分劳累，不堪重负。果然不久诸葛亮就病逝了。“事无巨细，事必躬亲”是管理学上的大忌。工作必须分工，各司其职。

编写程序也是同样的道理，要完成一个较大的任务，需要分而治之，把大任务分解成若干较小的任务，每个小任务由一个相对独立的模块完成。比如在生产手机的生态链中，各厂家分工合作，生产手机屏的企业专门生产手机屏，生产电池的企业专门生产电池。对程序合理划分功能模块，并基于模块设计程序是一种基本的程序设计方法，被称为“模块化设计”。函数是最小的模块。若干相关函数可以构成较大的“模块”，将一个个模块组装在一起构成完整的程序。

在实际开发中，很多操作是完全相同或者是非常相似的，仅仅是要处理的数据不同而已，因此经常会在不同的代码位置多次执行相似或完全相同的代码块。解决问题的一种常用方法是设计和编写函数，另一种是面向对象程序设计中的类。

在编写函数时，有很多原则需要参考和遵守：

（1）不要在同一个函数中执行太多的功能，尽量只让函数完成一个高度相关且大小合适的功能，以提高模块的内聚性。

（2）尽量减少不同函数之间的隐式耦合，使得函数之间仅通过调用和参数传递来显式体现其相互关系。

定义函数的语法如下：

```
def  函数名（［形式参数列表］）：
    '''注释'''
    函数体
```

注释：使用关键字 def 来定义函数，后面是一个空格和函数名称，接下来是一对圆括号，在圆括号内是形式参数列表，圆括号之后是一个冒号和换行，最后是必要的注释和函数体代码。

定义函数时需要注意：

（1）函数形参不需要声明其类型，也不需要指定函数返回值类型。

（2）即使该函数不需要接收任何参数，也必须保留一对空的圆括号。

（3）括号后面的冒号必不可少。

（4）函数体相对于 def 关键字必须保持一定的空格缩进。

（5）允许嵌套定义函数。

5.1.2 函数的调用

函数定义时，圆括号内是形式参数列表：

（1）一个函数可以没有形式参数，但是定义时一对圆括号必须有，表示这是一个函数并且不接收任何形式参数。

函数的调用

（2）在定义函数时，对参数个数没有限制，如果有多个形参，则需要使用逗号进行分隔。

示例代码如下：

```
>>> import math
>>> def f (x):
print ("输入的值为:", x)
    print ("x 的平方根为:", math.sqrt (x) )
>>> f (2)
输入的值为: 2
x 的平方根为: 1.4142135623730951
```

语句解释：

定义函数 f（x）用于求解输入值的平方根。def f（x）中的 x 为形参，f（2）中的 2 为实参。

函数调用时，向形式参数（书中简称为形参）传递实在参数（书中简称为实参），根据不同的参数类型，将实参的值或引用传递给形参。

（1）函数 f（）括号内的 x 就是该函数的形式参数，参数个数为 1。

（2）调用函数 f（）时，括号内的 2 就是传递给函数 f（）的是实参。

（3）在定义函数时，开头部分的注释并不是必需的，但是如果为函数的定义加上一段注释，则可以为用户提供友好的提示和使用帮助。在调用该函数时，输入左侧圆括号之后，立刻就会得到该函数的使用说明。

5.1.3 函数的返回值

函数的形参是函数的输入参数，函数的返回值是函数的输出参数，函数体中的 return 语句是向主调函数传递返回值的语句。

函数的返回值

return 语句具有以下特点：

（1）return 语句用来从一个函数中返回并结束函数的执行。

（2）通过 return 语句从函数中返回一个任意类型的值。

（3）不论 return 语句出现在函数的什么位置，一旦得到执行就将直接结束函数的执行。

示例代码如下：

```
>>> def mina (x, y):
    if x<y:
    return x
    else:
    return y
>>> mina (6, 3)
3
```

语句解释：

mina（6，3）语句调用函数 mina（x，y），并将实参 6 传递给形参 x，实参 3 传递给形参 y，在函数中通过 return 语句返回值 3。

（4）函数没有 return 语句或者执行了不返回任何值的 return 语句。

示例代码如下：

```
>>> def mina (x, y):
     if x<y:
       print ("最小值为:", x)
     else:
       print ("最小值为:", y)
>>> mina (6, 3)
最小值为：3
```

语句解释：

函数没有 return（ ）语句或者执行了不返回任何值的 return 语句时，认为该函数以 return None 结束，即返回空值。

任务 5.2 函数的参数

一般情况下，实参单向传递给形参，在函数内部直接修改形参的值不会影响实参。

函数的参数

示例代码如下：

```
>>> def f (x):
      print (x)
      x+ =2
      print (x)
>>> x=3
>>> f (x)
3
5
>>> x
3
```

语句解释：

定义 def f（x），第一个 print（x）将参数 x 的初始值显示在函数内部。x+=2 语句将参数的值增加 2。第二个 print（x）将参数变化之后的值显示在函数内部。x=3 语句将实参赋值为 3，f（x）语句进行函数的调用，将实参 3 传递给形参 x。函数运行结束之后，对实参 x 的值进行显示。

从运行结果可以看出，在函数内部修改了形参 x 的值（将 x 的值增加 2），但是当函数运行结束以后，实参 x 的值并没有被改变。

特殊情况：

在有些情况下，可以通过特殊的方式在函数内部修改实参的值。

示例代码如下：

```
>>> def f1 (list):
      list [0] = list [0] + 3
>>> a = [5, 6, 7, 8, 9]
>>> f1 (a)
>>> a
[8, 6, 7, 8, 9]
```

语句解释：

函数 f1（）实现的功能是进行列表元素值的修改。通过 f1（a）进行函数的调用。

利用函数的参数传递可以为列表增加元素。

示例代码如下：

```
>>> def f2 (list, item):
       list.append (item)
>>> b = [1, 2]
>>> f2 (b, 3)
>>> b
[1, 2, 3]
```

语句解释：

函数 f2（）实现的功能是为列表增加元素。list.append（item）语句将第二个参数加至列表 list 的尾部。b=[1，2] 语句定义第一个实参列表 b。执行 f2（b，3）调用函数 f2。

此外，利用函数参数传递还可以修改字典元素或为字典增加元素。

示例代码如下：

```
>>> def f3 (d):
    d ['age'] = 19
>>> y = {'name': 'Betty', 'age': 17, 'color': 'pink'}
>>> f3 (y)
>>> y
{'color': 'pink', 'age': 19, 'name': 'Betty'}
```

语句解释：

函数 f3（）实现的功能是修改字典元素值或为字典增加元素。

如果传递给函数的是Python可变序列（如列表、字典、集合等），并且在函数内部使用下标或其他方式为可变序列增加、删除元素或修改元素值时，修改后的结果是可以反映到函数之外的，即实参也得到相应的修改。

任务 5.3 参数类型

关于参数的几个知识点：

（1）函数参数分为普通参数、默认值参数、关键参数、可变长度参数等。

（2）函数的定义非常灵活，在定义函数时不需要指定参数的类型，形参的类型完全由调用者传递的实参类型来决定。

（3）不需要指定函数的返回值类型，这将由函数中的return语句来决定。

（4）如果函数中没有return语句或者没有执行到return语句而返回或者执行了不带任何值的return语句，则函数都默认为返回空值None。

5.3.1 默认值参数

（1）默认值参数的特点。

定义函数时为形参设置默认值。

调用带有默认值参数的函数时，可以不用为设置了默认值的形参进行传值，此时函数将会直接使用函数定义时设置的默认值。

默认值参数

默认值操作可以实现类似于函数重载的目的。

（2）带有默认值参数的函数的定义语法。

```
def 函数名（...，形参名=默认值）：
    函数体
```

示例代码如下：

```
>>> def h (words, times=1):
print ( (words+'') *times)
>>> h ('hello')
hello
>>> h ('hello', 2)
hello hello
>>> h ('hello', 8)
hello hello hello hello hello hello hello hello
```

语句解释：

定义函数 def h（words，times=1)，其中形参名 times 的默认值为 1。print（(words+'') * times) 语句中 words 通过加号与空格连成一个字符串，并将该字符串重复 times 次。h（'hello'）语句进行函数的调用，如果只为第一个参数传递实参，则第二个参数使用默认值 1。h（'hello'，2）语句进行函数的调用，如果为第二个参数传递实参，则不再使用默认值 1，而是使用调用者显式传递的值。

（3）默认值参数的位置。

当定义带有默认值参数的函数时，默认值参数必须出现在函数形参列表的最右端，且任何一个默认值参数右边都不能再出现非默认值参数。

示例代码如下：

```
>>> def f1 (x = 2, y):
      print (x, y)
SyntaxError: non - default argument follows default argument
>>> def f2 (x = 2, y, z = 3):
      print (x, y, z)
SyntaxError: non - default argument follows default argument
>>> def f3 (x, y, z = 3):
      print (x, y, z)
>>> f3 (1, 2)
1 2 3
```

语句解释：

函数 f1（）和 f2（）中的默认值参数非法，抛出异常。

5.3.2 关键参数

关键参数的特点：

（1）关键参数主要指调用函数时的参数传递方式，它与函数定义无关。

（2）可以按照参数名字传递值，实参顺序可以和形参顺序不一致，但不影响参数值的传递结果。

示例代码如下：

关键参数

```
>>> def f4 (x, y, z = 3):
      print (x, y, z)
>>> f4 (1, 2)
1 2 3
>>> f4 (y = 2, x = 1, z = 3)
1 2 3
```

语句解释：

关键参数避免了用户需要牢记参数位置和顺序的麻烦，使得函数的调用和参数传递更加灵活方便。

5.3.3 可变长度参数

可变长度参数在定义函数时主要有两种形式：

(1) *parameter，用来接收任意多个实参并将其放在一个元组中。

示例代码如下：

```
>>> def f5 (*p):
    print (p)
>>> f5 (2, 4)
(2, 4)
>>> f5 (2, 4, 6, 8, 10)
(2, 4, 6, 8, 10)
```

语句解释：

f5（2，4，6，8，10）验证了无论调用该函数时传递了多少实参，一律将其放入元组中。

(2) **parameter，用来接收显式赋值形式的多个实参并将其放入字典中。

示例代码如下：

```
>>> def f6 (**p):
    for item in p.items ():
        print (item)
>>> f6 (x=1, y=2, z=3)
('y', 2)
('z', 3)
('x', 1)
```

语句解释：

因为字典中的元素为“键一值对”，所以**parameter才能接收显式赋值形式的多个实参。

5.3.4 序列解包

当含有多个变量的函数传递参数时，可以使用列表、元组、字典、集合等可迭代对象作为实参，并在实参名称前加一个星号，解释器将自动进行解包，然后传递给多个单变量形参。

示例代码如下：

```
>>> def f (x, y, z):
print (x+y+z)
>>> a= [1, 2, 3]
>>> f (*a)
6
>>> b= (4, 5, 6)
>>> f (*b)
15
>>> c= {7, 8, 9}
>>> f (*c)
24
```

语句解释：

a=［1，2，3］为列表，使用f（*a）进行序列解包。同理，b为元组，c为集合，都可以进行序列解包。

如果使用字典对象作为实参，则默认使用字典的“键”。

示例代码如下：

```
>>> def k (x, y, z):
    print (x+y*z)
>>> d= {1: 'red', 2: 'green', 3: 'yellow'}
>>> k (*d)
7
```

语句解释：

d= {1: 'red', 2: 'green', 3: 'yellow'} 字典，k (*d) 中字典对象 d 作为实参，默认使用字典的“键”。

如果需要将字典的“值”作为参数，则需要调用字典的 values ( ) 语句。

示例代码如下：

```
>>> def k2 (x, y, z):
    print (x+y+z)
>>> d2= {1: 'x', 2: 'y', 3: 'z'}
>>> k2 (*d2.values () )
xyz
```

语句解释：

d2= {1: 'x', 2: 'y', 3: 'z'} 为字典，k2 (*d2.values ()) 中字典对象 d2 的“值”作为参数。

如果需要将字典的“键”作为参数，则可以调用字典的 keys ( ) 语句。

示例代码如下：

```
>>> def k3 (x, y, z):
    print (x+y+z)
>>> d3= {1: 'x', 2: 'y', 3: 'z'}
>>> k3 (*d3.keys () )
6
```

语句解释：

d3= {1: 'x', 2: 'y', 3: 'z'} 为字典，将 k3 (*d3.keys ()) 中字典对象 d3 的“键”作为参数。

任务 5.4 变量作用域

5.4.1 变量作用域的特点

变量作用域具有以下特点：

(1) 变量起作用的代码范围称为变量的作用域。

(2) 不同作用域内同名变量之间互不影响。

(3) 一个变量在函数内部定义和在函数外部定义，作用域是不同的。

(4) 函数内部定义的变量一般为局部变量。

(5) 不属于任何函数的变量一般为全局变量。

5.4.2 局部变量和全局变量

局部变量与全局变量有本质上的区别。一般而言，局部变量的引用比全局变量速度快，应优先考虑使用。除非真的有必要，否则应尽量避免使用全局变量，因为全局变量会增加不同函数之间的隐式耦合度，从而降低代码可读性，并使得代码测试和纠错变得困难。

全局变量

(1) 局部变量作用域。

在函数内定义的普通变量只在该函数内起作用，称为局部变量。当函数运行结束后，在该函数内部定义的局部变量被自动删除而不可访问。在函数内部定义的全局变量，当函数结束以后仍然存在并且可以访问。

(2) 全局变量作用域。

如果想要在函数内部修改一个定义在函数外的变量值，那么这个变量就不能是局部的，其作用域必须为全局的，能够同时作用于函数内外，称为全局变量。全局变量可以通过 global 来声明或定义。

①一个变量已在函数外定义，如果在函数内需要修改这个变量的值，并将这个赋值结果反映到函数之外，可以在函数内用 global 表明这个变量为全局变量，明确声明要使用已定义的同名全局变量。

②在函数内部直接使用 global 关键字将一个变量声明为全局变量，即使在函数外没有定义该全局变量，在调用这个函数之后，也能自动增加新的全局变量。

示例代码如下：

```
>>> def f ( ):
    global a
    a = 1
    b = 2
```

```
    print (a, b)
>>> a = 6
>>> f ( )
1 2
>>> a
1
>>> b
Traceback (most recent call last):
  File "<pyshell#25>", line 1, in <module>
    b
NameError: name 'b' is not defined
>>> del a
>>> a
Traceback (most recent call last):
  File "<pyshell#27>", line 1, in <module>
    a
NameError: name 'a' is not defined
```

语句解释：

global a 语句声明或创建全局变量 a。a=1 语句对全局变量的值进行修改。b=2 语句中的变量 b 为局部变量。print (a, b) 语句在函数内部显示变量的值。a=6 语句在函数外部定义了全局变量 a。调用 f ( ) 语句修改了全局变量 a 的值。局部变量在函数运行结束之后自动删除，所以执行 b 语句产生 NameError 异常“NameError: name 'b' is not defined”。最后，执行 del a 命令删除全局变量 a。再执行 a 查看 a 的值也会产生 NameError 异常。

(3) 如果局部变量与全局变量具有相同的名字，则局部变量会在自己的作用域内隐藏同名的全局变量。

示例代码如下：

局部和全局变量同名

```
>>> def f1 ( ):
    x = 6
    print ("x 的值为:", x)
>>> x = 2
>>> f1 ( )
x 的值为: 6
>>> x
2
```

语句解释：

定义的 f1 ( ) 函数中 x=6 创建了局部变量，并在函数体中自动隐藏了同名的全局变量。x=2 语句在函数外部定义了全局变量 x。执行 x 语句，在函数外部，局部变量被删除，全局变量有效。

(4) 不同模块之间可以共享全局变量。

任务 5.5 嵌套调用与递归调用函数

5.5.1 函数的嵌套调用

一个被调用函数的函数体中出现函数调用语句，这种调用现象称为函数的嵌套调用。示例代码如下：

```
>>> def add (a, b):
      . def sum (x):
          s = 0;
          for n in x:
            s + = ord (n)
          return s
        return sum (a)  + sum (b)
>>> add ('12', '34')
202
```

5.5.2 函数的递归调用

在调用一个函数的过程中又出现直接或间接调用该函数本身，这种调用现象称为函数的递归调用。直接递归调用是指函数体内直接调用本身，间接递归调用是指一个函数调用另一个函数，而这个被调函数又反过来调用先前的调用函数。定义函数 fac（）实现阶乘是函数递归调用的典型例子。示例代码如下：

递归调用

```
>>> def fac (n):
      . if n = = 0:
          return 1
        else:
          return n * fac (n - 1)
>>> fac (5)
120
```

lambda 表达式

任务 5.6 lambda 表达式

lambda 表达式用于定义一个匿名函数，可将该函数赋值给变量并通过变量调用。

lambda 表达式具有以下特点：

（1）lambda 表达式可以用来声明匿名函数（没有函数名临时使用的函数）。

（2）与 def 不同，lambda 表达式只包含一个表达式，不允许包含其他复杂的语句。

示例代码如下：

```
>>> f = lambda a, b, c: a + b + c
>>> print (f (2, 4, 6))
12
```

语句解释：

变量 a，b，c 全部没有初始值。

（3）lambda 表达式中可以调用其他函数，并支持默认值参数和关键参数。

示例代码如下：

```
>>> f1 = lambda x, y = 4, z = 6: x + y + z
>>> print (f1 (8))
18
>>> print (f1 (4, z = 3, y = 2))
9
```

语句解释：

f1＝lambda x，y＝4，z＝6：x＋y＋z 语句含有默认值参数。print（f1（4，z＝3，y＝2））语句调用时使用关键参数。

（4）lambda 表达式的计算结果就是函数的返回值。

示例代码如下：

```
>>> M = [ (lambda x: x/2), (lambda x: x/3) ]
>>> print (M [0] (9), M [1] (9) )
4.5 3.0
>>> N = {'f1': (lambda: 1//3), 'f2': (lambda: 1 % 3) }
>>> print (N ['f1'] (), N ['f2'] () )
0 1
```

语句解释：

因为字典的元素为“键一值对”，所以二维数组才能对其进行正确的定位。

任务 5.7 模块

5.7.1 名称空间

名称空间是名称到对象的映射。名称空间是一个字典的实现，键为变量名，值是变量对应的值。各个名称空间是独立没有关系的，一个名称空间中不能有重名，但是不同的名称空间可以重名且没有任何影响。

Python 程序执行期间会有 2 个或 3 个活动的名称空间（函数调用时有 3 个，函数调用结束后 2 个）。按照变量定义的位置，可以划分为以下 3 类：

Local，局部名称空间，每个函数所拥有的名称空间，记录了函数中定义的所有变量，包括函数的入参、内部定义的局部变量。

Global，全局名称空间，每个模块加载执行时创建的，记录了模块中定义的变量，包括模块中定义的函数、类、其他导入的模块、模块级的变量与常量。

Built－in，Python 自带的内建名称空间，任何模块均可以访问，存放内置的函数和异常。

其中局部名称空间在函数被调用时才被创建，但函数返回结果或抛出异常时被删除。全局名称空间在模块被加载时创建，通常一直保留直到 Python 解释器退出。内建名称空间在 Python 解释器启动时创建，一直保留直到解释器退出。

各名称空间创建顺序：Python 解释器启动→创建内建名称空间→加载模块→创建全局名称空间→函数被调用→创建局部名称空间。

各名称空间销毁顺序：函数调用结束→销毁函数对应的局部名称空间→Python 虚拟机（解释器）退出→销毁全局名称空间→销毁内建名称空间。

Python 解释器加载阶段会创建出内建名称空间、模块的全局名称空间，局部名称空间是在运行阶段函数被调用时动态创建出来的，函数调用结束时动态销毁的。

如果用户自己创建了一个模块 mymoudule，并且用户要在程序中使用模块 mymoudule 中的函数 fun（），则需要使用 mymoudule. fun（）形式，这实际上是指定了模块的名称空间。即使在不同的模块中有相同的函数，因为使用了名称空间，也不至于产生使用上的冲突。

5.7.2 导入模块

模块需要先导入，然后才能使用其中的变量或函数。可使用 import 或 from 语句来导入模块，基本格式如下：

```
import module_name        #导入一个模块
import module_name, module2_name        #导入多个模块
from module_name import *        #导入 module_name 模块里边的所有变量
from module_name import name        #只导入 module_name 里边的 name
```

import 语句执行过程：在搜索路径找到指定的模块，加载该模块。如果在一个程序的顶层导入指定模块，则所指定模块的作用域是全局的；如果在函数中导入，那么作用域是局部的。导入多个模块时，建议先导入标准库模块，然后导入第三方模块，最后导入应用程序的自定义模块并且在程序的开头部分导入。

知识拓展

函数的代码测试

编写函数时，可为其编写测试。通过测试，可确定代码面对各种输入都能够按要求进行工作。在代码中添加新代码时，可以对其进行测试，确认它们不会破坏程序既有的行为。

可以利用 Python 模块 unittest 中的工具来测试代码。

学习对象应侧重于以下几点：

(1) 编写测试用例，核实一系列输入都将得到预期的输出。

(2) 测试通过和测试未通过的场景。

(3) 测试未通过如何有助于改进代码。

(4) 如何测试函数。

(5) 应该为项目编写多少个测试。

思考与练习

1. 下面程序的输出结果为：

```
>>> def fib (n):
a, b = 1, 1
while a<n:
print (a, end='')
a, b = b, a + b
print ()
>>> fib (7)
```

思考与练习

2. 下面程序的输出结果为：

```
>>> def f (x, y = 5, z = 6):
print (x * y - z)
>>> f (2)
```

基于以上函数定义，下面程序的输出结果为：

```
>>> f (2, 3, 4)
```

基于以上函数定义，下面程序的输出结果为：

```
>>> f (z = 2, y = 3, x = 4)
```

3. 下面程序的输出结果为：

```
>>> def f ():
global a
a = 2
b = 3
print (a + b)
>>> f ()
```

4. 下面程序的输出结果为：

```
>>> def f2 ():
a = 8
print (a)
>>> a = 2
>>> f2 ()
```

基于以上函数定义，下面程序的输出结果为：

```
>>> a
```

5. 下面程序的输出结果为：

```
>>>f3 = lambda a, b, c: a * b * c
>>> print (f3 (2, 4, 6) )
```

6. 下面程序的输出结果为：

```
>>> f4 = lambda a, b = 3, c = 5: a/b + c
>>> print (f4 (1, 2) )
```

基于以上函数定义，下面程序的输出结果为：

```
>>> print (f4 (3, c = 2, b = 2) )
```

思考与练习

7. 编写函数计算圆的面积。

```
>>> def Circle (r):
    pi = 3.1415926
    return pi * r * * 2
>>> r = input ("请输入圆的半径:" )
请输入圆的半径: 2
>>> s = Circle (int (r) )
>>> print ("圆的面积为:", s)
圆的面积为: 12.5663704
```

仿照例题，用函数的形式求解：

(1) 矩形的面积、周长。

(2) 立方体的体积。

(3) 半径为小数形式，求圆的面积与周长。

(4) 半径为小数形式，求球的体积。

单元6 异常处理

学习目标

知识目标

1. 了解异常处理的作用和常见的异常类型。
2. 掌握异常处理语句的使用方法。
3. 掌握自定义异常类的创建及使用方法。

技能目标

1. 能够利用异常处理语句处理异常程序。
2. 能够创建自定义异常类并处理异常程序。

知识脉络图

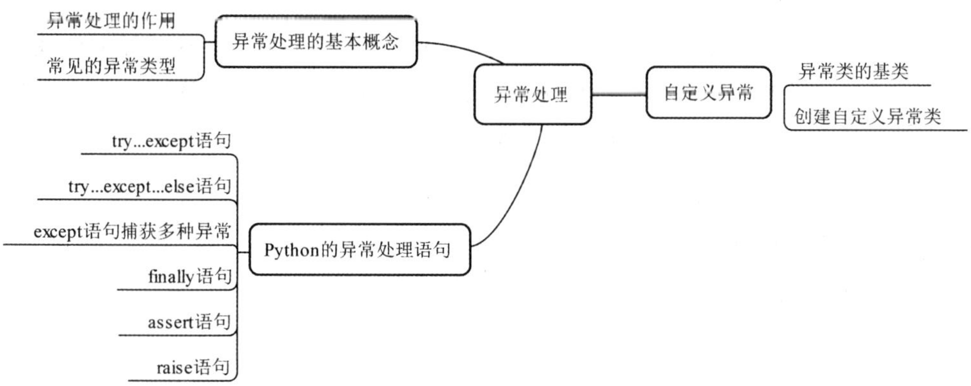

任务 6.1 异常处理的基本概念

编写程序时总会遇到一些意想不到的错误。通常错误可以分为 3 种：第一种是语法上的错误，通常由没有按照语言的规定语法编写程序所导致的，这种错误可以被编译器发现，必须在程序运行前修改这种错误；第二种错误是运行时错误，存在这种错误的程序可以通过编译，在运行时会报错，例如输入数据类型不正确、序列下标越界、除数为 0 等；第三种错误是逻辑错误，这种错误同样不会被编译器发现，但是由于算法不正确、语句顺序错误等问题，将会导致程序无法运行。

第一种和第三种错误属于致命性错误，如果不排除错误，程序将无法运行。而第二种错误是程序可控的，也就是我们所说的异常。

思政先锋

失之毫厘，谬以千里，一个小小的错误将会使程序运行结果南辕北辙，其实我们最应该做到的是细心严谨，精益求精的工匠精神。 这也正是在党的二十大报告中提到的深入实施人才强国战略，加快建设国家战略人才力量，努力培养造就更多大国工匠、高技能人才。

6.1.1 异常处理的作用

异常处理是 Python 中的一种机制，正确使用异常处理可以使整个项目更加稳定，也能够使正确的逻辑代码和异常处理的代码相分离，便于代码的阅读和维护。一个大型项目产生异常的可能性非常大，基本是不可避免的。如果没有异常处理，程序将变得非常脆弱。对于代码风格优良的程序来说，异常处理占有大部分位置。

Python 中的异常可以处理各种类型的错误，还支持创建自定义异常类。使用异常处理并不有助于减少错误，而是便于将错误收集起来集中进行相应的处理，避免由于错误导致程序终止。异常处理不但能增加程序的稳定性和健壮性，而且使程序的控制流程更加清晰。

6.1.2 常见的异常类型

Python 内置的常见异常类型见表 6-1。

表 6-1 常见的异常类型

异常名称	描述
BaseException	所有异常的基类
Exception	常规错误的基类

续表

异常名称	描述
IndexError	数组下标越界
ZeroDivisionError	除（或取模）零
AssertionError	当 assert 断言条件为假的时候抛出的异常
ArithmeticError	所有数值计算错误的基类
StandardError	所有内建标准异常的基类
FloatingPointError	浮点数计算错误
OverflowError	数值运算超出最大限制
KeyboardInterrupt	用户中断执行（通常是输入^C）

任务 6.2 Python 的异常处理语句

在 Python 中，使用 try/except/finally 语句块来捕获处理异常，使用 assert 或 raise 语句来主动引发异常。

6.2.1 try … except 语句

try … except 语句的基本结构如下：

try… except 语句

```
try:
    可能产生异常的代码
except 异常类型名称:
    异常处理代码
```

try 语句用于测试后面可能产生异常的代码，在执行过程中，该段代码可能产生一个异常。except 语句用于捕获 try 代码块所产生的异常并做相应的处理。except 语句有一个形式参数，用于指明其所能捕获的异常类型，运行时 JRE 通过参数值把被抛出的异常对象传递给 except 语句。

下面一段代码定义的列表 a 包含 5 个元素，这 5 个元素分别通过 a［0］～a［4］进行访问，而且 print（a［5］）中的 a［5］超出了列表 a 的下标范围，引发了 IndexError 异常。

```
>>> a = [1, 2, 3, 4, 5]
>>> print (a [5] )
Traceback (most recent call last):
  File "<pyshell#1>", line 1, in <module>
    print (a [5] )
IndexError: list index out of range
```

try 语句测试 print（a［5］）是否产生异常。当发生异常时，与 except 后面的异常类型进行匹配。匹配成功后，执行 print（'下标越界'）。使用 try … except 语句实现异常处理，避免了程序由于异常导致的终止。

```
>>> a = [1, 2, 3, 4, 5]
>>> try:
        print (a [5] )
    except IndexError:
        print ('下标越界')

下标越界
```

6.2.2 try … except … else 语句

try… except… else 语句的基本结构如下：

try… except… else 语句

```
try:
    可能产生异常的代码
except 异常类型名称:
    异常处理代码
else:
    没有发生异常时执行的代码
```

try … except … else 语句比 try … except 语句增加了一个 else 子句，try 测试其后面的语句是否产生异常，如果存在异常，则执行 except 后面的异常处理代码，否则执行 else 后面的代码。

示例代码如下：

```
def div (a, b):
    try:
        answer = a/b
    except ZeroDivisionError:
        print ('除数不可以为 0')
    else:
        print (answer)
```

定义函数 div（a，b），用 try … except … else 语句实现异常处理。当 b 为 0 时，answer = a/b 这条语句可能产生 ZeroDivisonError 异常，因此将这条语句放到 try 语句的后面。except 捕获到 ZeroDivisonError 异常后，执行 print（'除数不可以为 0'）进行异常处理，程序不会终止。当 b 不为 0 时，这段代码不会产生异常，则程序执行 else 后面的语句。

对该函数进行测试，分别将参数设定为 div（1，0）和 div（4，2），执行 div（1，0）产生异常，执行异常处理代码，而执行 div（4，2）不产生异常，则执行 else 后面的代码，输出正常的计算结果。操作结果如下：

```
>>> div (1, 0)
除数不可以为 0
>>> div (4, 2)
2.0
```

6.2.3 except语句捕获多种异常

except语句捕获多种异常的基本结构如下：

```
try:
    可能产生异常的代码
except 异常类型名称1:
    异常处理代码1
except 异常类型名称2:
    异常处理代码2
else:
    没有发生异常时执行的代码
```

except语句捕获多种异常

在try ... except语句或try ... except ... else语句中增加多个except子句。利用多个except语句可以捕获一段代码中的多种异常并根据异常类型进行处理。

示例代码如下：

```
def div (a, b):
    s = [1, 2, 3, 4, 5]
    try:
        answer = s [a] /b
    except ZeroDivisionError:
        print ('除数不可以为0')
    except IndexError:
        print ('下标越界')
    else:
        print (answer)
```

定义函数div（a，b）和列表s，列表s中有5个元素。try语句后面的answer = s［a］/b可能产生ZeroDivisonError和IndexError两种异常。当b为0时，可能产生ZeroDivisonError异常。当a≥5时，可能产生IndexError异常。根据不同的异常类型，程序可以执行相应的异常处理代码。当该段程序不产生异常时，执行else后面的代码，输出正常的计算结果。

对该函数进行测试，分别将参数设定为div（3，0）、div（5，2）和div（3，2），执行div（3，0）产生ZeroDivisonError异常，执行异常处理代码并输出“除数不可以为0”；执行div（5，2）产生IndexError异常，执行异常处理代码并输出“下标越界”；而执行div（3，2）不产生异常，执行else后面的代码，输出正常的计算结果。操作结果如下：

```
>>> div (3, 0)
除数不可以为0
>>> div (5, 2)
下标越界
>>> div (3, 2)
2.0
```

6.2.4 finally 语句

finally 语句的基本结构如下：

```
try:
    可能产生异常的代码
except 异常类型名称:
    异常处理代码
finally:
    无论如何都会执行的代码
```

在异常处理结构中，finally 语句通常放在异常处理语句的最后位置。不管程序是否产生异常，finally 语句块中的代码都要被执行。

示例代码如下：

```
def div (a, b):
    try:
        answer = a/b
        print (answer)
    except ZeroDivisionError:
        print ('除数不可以为 0')
    finally:
        print ('无论是否出现异常都执行')
```

定义函数 div（a，b），测试 finally 语句的作用，分别将参数设定为 div（4，2）和 div（4，0），执行 div（4，2）不产生异常，输出正常计算结果，并执行 finally 语句块代码输出“无论是否出现异常都执行”。执行 div（4，0）产生 ZeroDivisonError 异常，执行异常处理代码输出“除数不可以为 0”，而后继续执行 finally 语句块代码输出“无论是否出现异常都执行”。操作结果如下：

```
>>> div (4, 2)
2.0
无论是否出现异常都执行
>>> div (4, 0)
除数不可以为 0
无论是否出现异常都执行
```

6.2.5 assert 语句

assert 语句在很多语言中都存在，它主要为调试程序服务，能够快速方便地检查程序的异常或者发现不恰当的输入等，可防止意想不到的情况出现。

assert 语句的基本结构如下：

```
assert <表达式>, <字符串>
```

assert 对<表达式>返回的布尔值进行判断。当其值为 TRUE 时，程序不做响应；当其值为

FALSE 时，会引发 AssertionError 异常。<字符串>常用来传递具体的异常描述信息。

示例代码如下：

```
>>> a = 5
>>> assert a>=10,'变量 a 不能小于 10'
Traceback (most recent call last):
  File "<pyshell#4>", line 1, in <module>
    assert a>=10,'变量 a 不能小于 10'
AssertionError: 变量 a 不能小于 10
```

当 a=5 时，a≥10 表达式返回的布尔值为 FALSE，引发 AssertionError 异常并显示异常描述信息。下面用 try 语句来捕获 AssertionError 异常：

```
try:
    a=5
    assert a>=10,'变量 a 不能小于 10'
except AssertionError as e:
    print ('异常类型：', e.__class__.__name__)
    print ('异常信息：', e)
```

将 assert 断言语句放到 try 代码块中进行测试，由于 a 小于 10，故产生 AssertionError 异常，执行 except 后面的异常处理代码。except AssertionError as e 语句说明该 AssertionError 用变量 e 表示。利用变量 e 输出异常类型和异常信息。代码运行结果如下：

```
异常类型：AssertionError
异常信息：变量 a 不能小于 10
```

assert 语句实际上是被设计用来捕获用户所定义的约束的，而不是用来捕获程序本身错误的，因此使用 assert 语句需要注意以下几点：

①不要滥用 assert 语句，这是使用 assert 语句最基本的原则。若 assert 语句引发了异常，则通常代表程序中存在 bug。因此 assert 语句应该使用在正常逻辑不可到达的地方或正常情况下总是为真的场合。

②如果 Python 本身的异常能够处理就不要再使用 assert 语句。如对于类似于列表下标越界、类型不匹配、除数为 0 等错误，不建议使用 assert 语句来进行处理。

③不要使用 assert 语句来检查用户的输入。如对于一个数字类型，如果根据用户的设计该值的范围应该是 2 至 10，更好的做法是使用条件判断，并在不符合条件的时候输出错误提示信息。

6.2.6 raise 语句

前面讲述的异常都是由 Python 解释器触发的异常，而 raise 语句是用来在编写的程序中由程序本身触发的异常。

raise 语句的基本结构如下：

```
raise 异常类型 (异常描述信息)
```

使用 raise 语句引发 Exception 异常，示例代码如下：

```
>>> raise Exception ("抛出一个异常" )
Traceback (most recent call last):
  File "<pyshell#19>", line 1, in <module>
    raise Exception ("抛出一个异常" )
Exception: 抛出一个异常
```

任务 6.3 自定义异常

Python 虽然提供了丰富的异常类，使用 Python 内置的异常类可以描述在编程时出现的大部分异常情况，但是在项目开发过程中还会经常使用自定义异常，其主要原因是 Python 提供的异常类在某些情况下是不能满足实际需求的。用户自定义异常类，只需要继承 Exception 类即可。

6.3.1 异常类的基类

前面学习过的所有异常类都有两个共同的基类，即 BaseException 类和 Exception 类。异常类内置继承关系如下所示：

```
BaseException
 + - - SystemExit
 + - - KeyboardInterrupt
 + - - GeneratorExit
 + - - Exception
       + - - StopIteration
       + - - StandardError
       |     + - - BufferError
       |     + - - ArithmeticError
       |     |     + - - FloatingPointError
       |     |     + - - OverflowError
       |     |     + - - ZeroDivisionError
       |     + - - AssertionError
       |     + - - AttributeError
       |     + - - EnvironmentError
       |     |     + - - IOError
       |     |     + - - OSError
       |     |          + - - WindowsError (Windows)
       |     |          + - - VMSError (VMS)
       |     + - - EOFError
       |     + - - ImportError
```

```
|      + - - LookupError
|      |      + - - IndexError
|      |      + - - KeyError
|      + - - MemoryError
|      + - - NameError
|      |      + - - UnboundLocalError
|      + - - ReferenceError
|      + - - RuntimeError
|      |      + - - NotImplementedError
|      + - - SyntaxError
|      |      + - - IndentationError
|      |           + - - TabError
|      + - - SystemError
|      + - - TypeError
|      + - - ValueError
|           + - - UnicodeError
|                 + - - UnicodeDecodeError
|                 + - - UnicodeEncodeError
|                 + - - UnicodeTranslateError
+ - - Warning
     + - - DeprecationWarning
     + - - PendingDeprecationWarning
     + - - RuntimeWarning
     + - - SyntaxWarning
     + - - UserWarning
     + - - FutureWarning
+ - - ImportWarning
+ - - UnicodeWarning
+ - - BytesWarning
```

BaseException 类是所有异常类的顶层基类，自定义异常类不能直接继承 BaseException 类，BaseException 类的唯一子类是 Exception 类。用户自定义异常类可以通过 Exception 类间接继承 BaseException 类。在创建用户自定义异常类时，使用 BaseException 类中的字符串作为异常描述信息。

Exception 类是 BaseException 类的直接子类，是其他所有内置异常类的基类（SystemExit 类、KeyBoardInterrupt 类和 GeneratorExit 类除外）。

6.3.2 创建自定义异常类

通过定义 Exception 类的子类来自己定义用户异常类型，使用 raise 语句来抛出异常，示例代码如下：

创建自定义异常

```
class MyException (Exception):
    pass

try:
    phone_num = input ("请输入手机号:" )
    if phone_num.isdecimal () is False:
        raise MyException ("手机号码含非数字" )
```

```
    elif len (phone_num) ! = 11:
        raise MyException ("手机号长度不正确" )
except MyException as error:
    print ("提示:%s" % error)
```

定义 MyException 继承 Exception 基类，pass 是一条空语句，不做任何事情，只是为了达到创建自定义异常类的目的。在 try 语句中按照提示键盘输入手机号码 phone_num，用 isdecimal () 函数判断 phone_num 是否为数字。如果包含非数字，则抛出 MyException 异常，并输出提示“手机号码含非数字”。用 len () 函数判断 phone_num 位数是否为手机号码长度。如果手机号长度不满或超出 11 位，则抛出 MyException 异常，并输出提示“手机号长度不正确”。测试输出结果如下：

```
请输入手机号：1312345678a
提示：手机号码含非数字
请输入手机号：1312345678
提示：手机号长度不正确
```

知识拓展

异常的传递

try ... except ... 语句可以像 if ... else 一样实现嵌套结构，每一层级的 try 和 except 成对出现，使用 try 语句捕获异常，使用 except 语句处理异常。当内部在 try ... except ... 语句结构指定的异常类型与实际不合符且无法处理异常时，将传递到更外一层的 try ... except ... 语句结构来寻求异常处理。当所有层级的异常类型都不满足要求时，异常将会被传递给 Python 解释器，最终由解释器把程序终止，这个过程被称为异常的传递。

示例代码如下：

```
try:
    f = open ("1.txt"," w" )
    try:
        print (a)
    except FileNotFoundError as error:
        print ("错误 1:%s" % error)
except NameError as error:
    print ("错误 2:%s" % error)
```

在外层的 try 语句中，代码以写的方式打开一个文件。内层 try 中变量 a 不存在，此时出现了 NameError 异常。但是内层 try 指定的异常类型 FileNotFoundError 与实际发生的异常不符合，就会传递到外层，正好外层的 try 指定处理的异常类型就是实际发生的 NameError 异常类型，因此 NameError 异常在外层得到处理。假如外层的异常处理类型也与实际发生的异常类型不符，则异常会被传递给 Python 解释器，终止程序运行。

思考与练习

1. 所有程序错误都可以用异常处理解决。(　　)

   A. 正确　　　　B. 错误

2. raise 语句用于程序员编写的应用程序中，由应用程序自己引发异常，这是没有必要的语句。(　　)

   A. 正确　　　　B. 错误

3. 所有的异常类都有两个共同的基类，即__________和__________。

4. 当表达式 a/b 中 b 等于 0，则将产生__________异常。

5. 列举 5 种常见的异常类型。

单元 7 文件操作

学习目标

知识目标	技能目标
1. 了解文件的分类。 2. 掌握文件对象的使用方法。	能够编写程序对文件对象进行操作。

知识脉络图

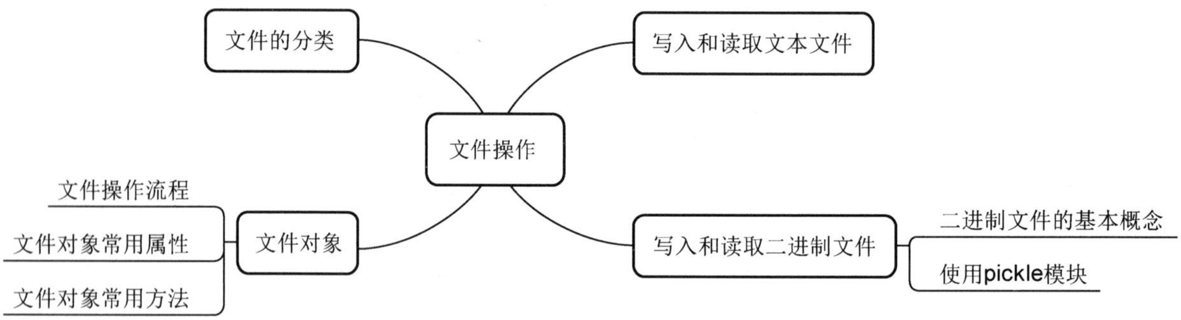

任务 7.1 文件的分类

为了长期保存数据以便重复使用、修改和共享，必须将数据以文件的形式存储到外部存储介质（如软盘、硬盘、U 盘、光盘或云盘）中。数据库中的数据最终也是以文件的形式进行存储的，图形、图像、音频、视频、可执行文件等也都是以文件的形式存储的。因此，文件操作在各类应用软件的开发中均占有重要的地位。

按文件中数据的组织形式可以把文件分为文本文件和二进制文件两大类。

文本文件存储的是常规字符串，由若干文本行组成，通常每行以换行符“\n”结尾。常规字符串是指记事本或其他文本编辑器能正常显示、编辑并且人类能够直接阅读和理解的字符串，如英文字母、汉字、数字、字符串。文本文件可以使用字处理软件，如使用记事本进行编辑。

二进制文件把对象内容以字符串（bytes）进行存储，无法用记事本或其他普通文本处理软件直接进行编辑，通常也无法被人类直接阅读和理解，需要使用专门的软件进行解码后读取、显示、修改或执行。常见的如图形图像文件、音视频文件、可执行文件、资源文件、各种数据库文件、各类 Office 文档等都属于二进制文件。

任务 7.2 文件对象

文件的操作流程：

(1) 打开文件并创建文件对象。打开文件语句格式如下：

```
文件对象名 = open（文件名［，打开模式［，缓冲区］］）
```

打开文件需要注意以下几点：

①文件名指定了被打开的文件名称，如果要打开的文件不在当前目录下，还需要指定完整的路径。为了减少完整路径中“\”符号的输入，可以使用原始字符串。

②打开模式指定了打开文件后的处理方式，如只读、读写、追加等，见表 7-1。

表 7-1 文件打开模式

模式	说 明
r	只读模式（默认模式，文件必须存在，否则抛出异常）
w	只写模式（不可读；若不存在则创建；若存在则清空内容）

续表

模式	说　明
a	追加模式（可读；若不存在则创建；若存在则只追加内容）
b	二进制模式（可与其他模式组合使用），表示以字节方式操作
+	读、写模式（可与其他模式组合使用），可以同时读写文件

③缓冲区指定了读写文件的缓存模式，数值为 0 表示不缓存，数值为 1 表示缓存，如数值大于 1，则表示缓冲区的大小，默认值是缓存模式。

如果执行正常，open（）函数返回 1 个文件对象，通过该文件对象可以对文件进行各种操作；如果指定文件不存在、访问权限不够、磁盘空间不够或其他原因导致创建文件对象失败，则抛出异常。

（2）通过该文件对象对文件内容进行读取、写入、删除、修改等操作。

例如，下面的代码分别以读、写方式打开了两个文件，并创建了与之对应的文件对象。

```
f1 = open ('file1.txt', 'r')
f2 = open ('file2.txt', 'w')
```

（3）关闭并保存文件内容。

当对文件内容操作完以后，一定要关闭文件，以保证所做的任何修改都得到保存。

```
f1.close ()
```

文件对象常用属性见表 7-2。

表 7-2　文件对象常用属性

属性	说明
closed	判断文件是否关闭，若文件被关闭，则返回 True
mode	返回文件的打开模式
name	返回文件的名称

文件对象常用方法见表 7-3。

表 7-3　文件对象常用方法

方法	功能说明
close（）	把缓冲区的内容写入文件，同时关闭文件，并释放文件对象
read（[size]）	从文件中读取 size 个字符的内容并作为结果返回，如果省略 size，则表示一次性读取所有内容
readline（）	从文本文件中读取一行内容作为结果返回
readlines（）	把文本文件中的每行文本作为一个字符串存入列表中，返回该列表
seek（offset [，whence]）	把文件指针移动到新的位置，offset 表示相对于 whence 的位置。whence 为 0，表示从文件头开始计算；whence 为 1，表示从当前位置开始计算；whence 为 2，表示从文件尾开始计算，默认为 0

续表

方法	功能说明
tell ()	返回文件指针的当前位置
truncate ([size])	删除从当前指针位置到文件末尾的内容。如果指定了 size，则不论指针在什么位置都只留下前 size 个字节，其余的删除
write (s)	把字符串 s 的内容写入文件
writelines (s)	把字符串列表写入文本文件，不添加换行符

任务 7.3 文本文件

下面通过几个例子来演示文本文件的读写操作。

文本文件的写入

【例 7.1】 向文本文件中写入内容。

示例代码如下：

```
>>> f = open ('s1.txt', 'a+')
>>> s ='文本文件的读取方法\n文本文件的写入方法\n~! @#$%^&* ()'
>>> f.write (s)
31
>>> f.close ()
```

语句解释：

（1）在当前目录即下创建文件 s1.txt，如图 7-1 所示，并向该文件中追加内容 s，将 s 所包含的所有内容写入记事本 s1.txt 中，如图 7-2 所示，关闭文件 f。

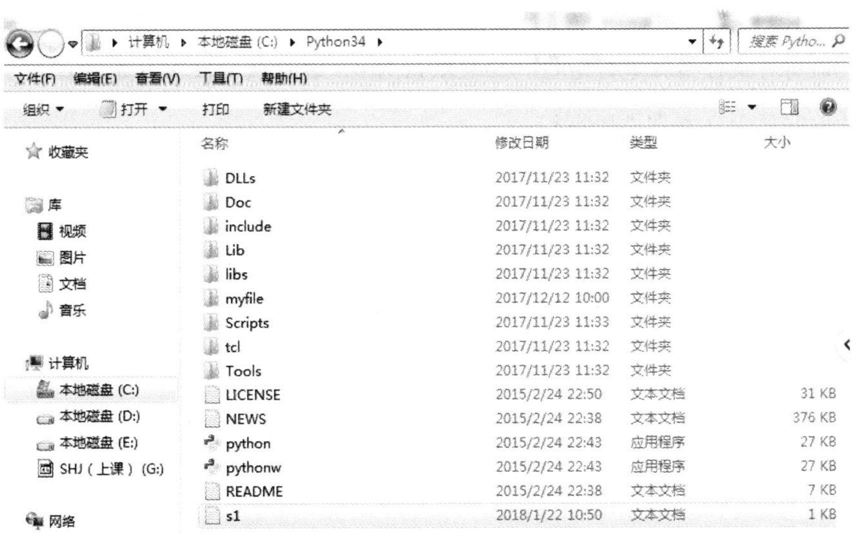

图 7-1 s1.txt 存放于当前目录下

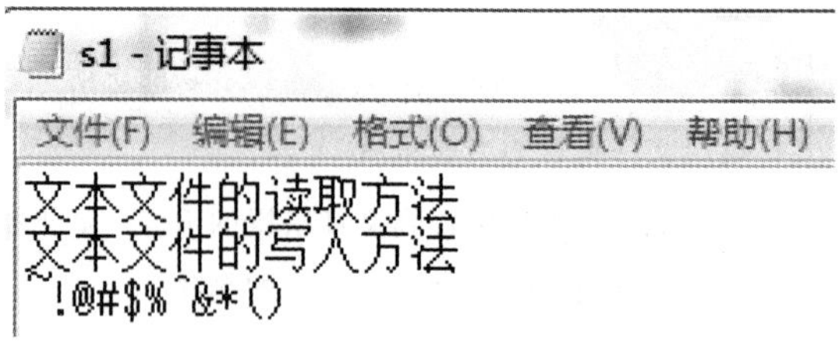

图 7-2 s1.txt 的内容

（2）Python3.x 对中文支持较好，对中文、英文字母、字符（包括转移字符 \ n）同等对待。故返回的字符数为 31。

【例 7.2】 读取并显示文本文件的指定字符。以例 7.1 中的 s1.txt 文件为例进行。

示例代码如下：

文本文件的读取

```
>>> f = open ('s1.txt', 'a+')
>>> s ='文本文件的读取方法\n文本文件的写入方法\n~! @# $ %^& * () '
>>> f.write (s)
31
>>> f.close ()
>>> f1 = open ('s1.txt', 'r')
>>> print (f1.read (10) )
文本文件的读取方法
>>> print (f1.read (10) )
文本文件的写入方法
>>> f1.seek (0)
0
>>> print (f1.read (20) )
文本文件的读取方法
文本文件的写入方法
>>>f1.close ()
```

语句解释：

f1.seek（0）语句对文件指针进行定位，参数默认为 0，表示从文件头开始计算。

【例 7.3】 读取并显示文本文件所有行。

示例代码如下：

```
>>> f2 = open ('s1.txt', 'r')
>>> li = f2.readlines ()
>>> for line in li:
      print (line, end='')
文本文件的读取方法
文本文件的写入方法
~! @# $ %^& * ()
>>> f2.close ()
```

语句解释：

使用 f2=open（'s1.txt', 'r'）打开文件。对于 read（ ）、write（ ）以及其他读写方式，当读写操

作完成之后，都会自动移动文件指针，移动到文件头。readlines（）方法把文本文件 s1. txt 中的每行文本作为一个字符串存入列表 li 中，返回该列表。for 循环用于显示 s1. txt 全文。f. close（）语句用来保存并关闭文件 s1. txt。

任务 7.4 二进制文件

7.4.1 二进制文件的基本概念

二进制文件不能使用记事本或其他文本编辑软件正常读写，也无法通过 Python 的文件对象直接读取和理解二进制文件的内容。必须正确理解二进制文件结构和序列化规则，才能准确地理解其中的内容，并设计正确的反序列化规则。

所谓序列化，简单地说就是把内存中的数据在不丢失其类型信息的情况下转成对象的二进制形式的过程，对象序列化后的形式经过正确的反序列化过程应该能够准确无误地恢复为原来的对象。

常用的序列化模块有 pickle、struct、json、marshal 和 shelve。

7.4.2 使用 pickle 模块

pickle 是较为常用并且速度非常快的二进制文件序列化模块。

二进制文件的写入

【例 7.4】 使用 pickle 模块写入二进制文件。

示例代码如下：

```
>>> import pickle
>>> f3 = open ('s3. dat', 'wb')
>>> n = 5
>>> a = 365
>>> b = 3. 14
>>> s = 'HELLO 你好'
>>> list = [1, 3, 5, 7]
>>> dic = {'r': 'red', 'g': 'green', 'b': 'blue'}
>>> try:
      pickle. dump (n, f3)
      pickle. dump (a, f3)
      pickle. dump (b, f3)
      pickle. dump (s, f3)
      pickle. dump (list, f3)
      pickle. dump (dic, f3)
except:
      print ('写文件异常')
```

```
finally:
    f3.close()
```

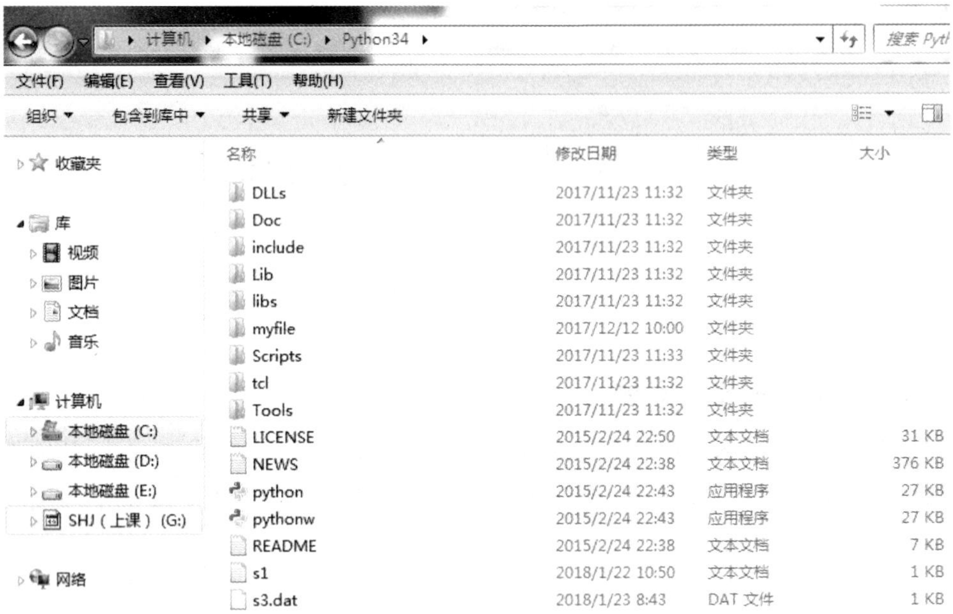

图 7-3　s3.dat 存放于当前目录下

语句解释：

(1) 在当前目录即下创建文件 s3.dat，如图 7-3 所示，并向该文件中写入内容，关闭文件 f3。

(2) 双击文件 s3.dat，显示文件无法打开。

【例 7.5】 读取例 7.4 中写入二进制文件的内容。

示例代码如下：

二进制文件的读取

```
>>> import pickle
>>> f4 = open('s3.dat', 'rb')
>>> i = 0
>>> n = 5
>>> while i<n:
    x = pickle.load(f4)
    print(x)
    i+ = 1
5
365
3.14
HELLO 你好
[1, 3, 5, 7]
>>>f4.close()
```

语句解释：

程序可以读取例 7.4 中的二进制文件。

知识拓展

Python 中的文件操作

1. 文件的打开模式

文件都是以某一种标准编码成二进制存在硬盘中的。

文件在默认打开模式下，是以文本模式打开文件的。应用程序给操作系统发送数据请求后，操作系统在硬盘读取二进制编码，然后返还给应用程序，将编码解码成我们看到的字符。如果是以二进制模式打开文件，则不会对操作系统返回的二进制数据做处理，而是直接打印。

2. 文件的修改

文件的修改并不是我们直观感受上的擦除重新写上，基于硬盘的特性，任何文件的修改操作都是新内容对原内容的覆盖。

修改的概念存在于内存中，当应用程序启动时，请求操作系统从硬盘中读取数据，读取的数据运行在内存上，此时，我们在应用程序上的操作修改内存上的数据内容，但是并不影响硬盘中的数据。当点击保存时，新的数据会将原数据覆盖，完成文件的修改。

思考与练习

1. 假设有一个英文文本文件，编写程序读取其内容，并将其中的大写字母变为小写字母，小写字母变为大写字母。
2. 简述文本文件与二进制文件的区别。

单元8 面向对象程序设计

学习目标

知识目标

1. 理解面向对象技术的基本概念。
2. 掌握类与对象的用法。
3. 了解类的继承和方法重写的概念。

技能目标

1. 能够利用面向对象的思想编写程序。
2. 能够使用类的继承和方法的重写编写程序。

知识脉络图

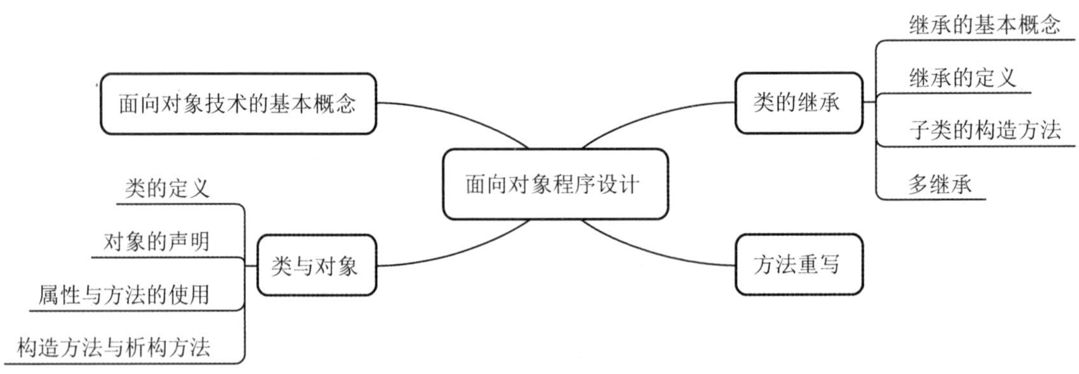

任务 8.1 面向对象技术的基本概念

Python 从设计之初就是一门面向对象的语言，因此，在 Python 中创建一个类和对象是非常容易的。如果用户以前没有接触过面向对象的编程语言，则需要先了解面向对象语言的一些基本特征，在头脑中形成一个基本的面向对象的概念，这样可以更容易地学习 Python 的面向对象编程。

（1）类（Class）：用来描述具有相同的属性和方法的对象的集合。它定义了该集合中每个对象所共有的属性和方法。对象是类的实例。

（2）类变量：在整个实例化的对象中是公用的。类变量定义在类中且在函数体之外。类变量通常不作为实例变量使用。

（3）数据成员：类变量或者实例变量用于处理类及其实例对象的相关的数据。

（4）方法重写：如果从父类继承的方法不能满足子类的需求，则可以对其进行改写，这个过程称为方法的覆盖，也称方法的重写。

（5）实例变量：定义在方法中的变量，只作用于当前实例的类。

（6）继承：即一个派生类继承基类的字段和方法。继承也允许把一个派生类的对象作为一个基类对象对待。

（7）实例化：创建一个类的实例，是类的具体对象。

（8）方法：类中定义的函数。

（9）对象：通过类定义的数据结构实例。对象包括两个数据成员（类变量和实例变量）和方法。

Python 中的类提供了面向对象编程的所有基本功能：类的继承机制允许多个基类，派生类可以覆盖基类中的任何方法，方法中可以调用基类中的同名方法。对象可以包含任意数量和类型的数据。

任务 8.2 类与对象

8.2.1 类的定义

语法格式如下：

```
class ClassName:
<statement-1>
```

```
<statement-N>
```

类实例化后，可以使用其属性。实际上，创建一个类之后，也可以通过类名访问其属性。

8.2.2 对象的声明

类对象支持两种操作：实例化和属性引用。

属性引用的语法为：obj.name。

类对象创建后，类命名空间中所有的命名都是有效属性名。

示例代码如下：

```
>>> class MyClass:
  i = 8080
  def f (self):
    return "hello world"
>>> x = MyClass ()
>>> print ("MyClass 类的属性 i 为:", x.i)
MyClass 类的属性 i 为: 8080
>>> print ("MyClass 类的方法 f 输出为:", x.f () )
MyClass 类的方法 f 输出为: hello world
```

语句解释：

MyClass 为类名，i 为类的成员变量，f（self）为类的成员方法。>>> x=MyClass（）语句进行类的实例化；>>> print（"MyClass 类的属性 i 为:", x.i）语句访问类的属性；>>> print（" MyClass 类的方法 f 输出为:", x.f（））语句访问类的方法。

以上创建了一个新的类实例并将该对象赋给局部变量 x，x 为空的对象。

很多类都倾向于将对象创建为有初始状态的。因此类可能会定义一个名为__init__（）的特殊方法。

示例代码如下：

```
>>> def __init__ (self):
    self.data = []
```

语句解释：

类定义了__init__（）方法，类的实例化操作会自动调用__init__（）方法。当创建一个新的实例，会自动调用__init__（）方法。

类的方法与普通的函数只有一个区别：它们必须有一个额外的第一个参数名称，按照惯例它的名称是 self。

示例代码如下：

```
>>> class Test:
    def prt (self):
    print (self)
    print (self.__class__)
>>> t = Test ()
>>> t.prt
```

```
<bound method Test.prt of <__main__.Test object at 0x02A18530>>
```

语句解释：

从执行结果可以看出，self 代表的是类的实例，这里代表当前对象的地址，而 self.__class__则指向类。self 不是 Python 关键字，换成其他名称也是可以正常执行的。

__init__（）方法可以有参数，参数通过__init__（）传递到类的实例化操作上。

示例代码如下：

```
>>> class Complex:
    def _init_ (self, realpart, imagpart):
      self.r = realpart
      self.i = imagpart
>>> x = Complex ()
>>> x.__init__ (1.5, 2.8)
>>> print (x.r)
1.5
>>> print (x.i)
2.8
>>> print (x.r, x.i)
1.5 2.8
>>> print (x.r, '+', x.i, 'j')
1.5 + 2.8 j
```

语句解释：

__init__（）方法中的参数为 self realpart imagepart、self 代表的是类的实例。

8.2.3 属性与方法的使用

在类的内部，使用 def 关键字来定义一个方法，与一般函数定义不同，类方法必须包含参数 self，且为第一个参数，self 代表的是类的实例。

示例代码如下：

属性与方法的使用

```
>>> class people:
  name = ''
  age = 0
  _weight = 0
  def __init__ (self, n, a, w):
    self.name = n
    self.age = a
    self._weight = w
  def speak (self):
     print ("%s 说：我 %d 岁。" % (self.name, self.age) )
>>> p = people ( )
>>> p.__init__ ('Mike', 10, 30)
>>> p.speak ( )
Mike 说：我 10 岁。
```

语句解释：

>>> class people：语句进行类的定义；name="语句定义基本属性；age=0 语句定义基本属性；_ weight=0 语句定义私有属性，私有属性在类外部无法直接进行访问。def __init__ (self，n，a，w)：和 def speak (self)：语句定义构造方法；>>> p=people ( ) 语句进行实例化类。

示例代码如下：

```
>>> class people:
    def __init__ (self, name, age):
        self. name = name
        self. age = age
    def __str__ (self):
      return '这个人的名字是 %s，已经有 %d 岁了！'% (self. name, self. age)
>>> a = people ( )
>>> a. __init__ ('孙悟空', 999)
>>> a. __str__ ()
'这个人的名字是孙悟空，已经有 999 岁了！'
```

仔细体会，看自己能否进行解释，可以尝试将自己的星座、年龄和爱好等写入程序中。

8.2.4 构造方法与析构方法

类的构造方法和析构方法名称是由 Python 预设的，__init__为构造方法名，__del__为析构方法名。

构造方法在调用类创建实例对象时自动被调用，完成对实例对象的初始化。析构方法在实例对象被回收时调用。在定义类的时候，可以不定义构造方法和析构方法。示例代码如下：

```
>>> class test:
       def __init__ (self, value):
         self. data = value
         print ('构造方法执行完毕！')
       def __del__ (self):
         . del self. data
         print ('析构方法执行完毕！')
>>> x = test (100)
构造方法执行完毕！
>>> x. data
100
>>> del x
析构方法执行完毕！
```

任务 8.3 类的继承

8.3.1 继承的基本概念

面向对象编程语言的一个主要功能就是继承。继承是指这样一种能力：它可以使用现有类的所有功能，并在无须重新编写原来的类的情况下对这些功能进行扩展。

通过继承创建的新类称为“子类”或“派生类”，被继承的类称为“基类”“父类”或“超类”。继承的过程就是从一般到特殊的过程。在考虑使用继承时，有一点需要注意，那就是两个类之间的关系应该是“属于”关系。例如，Employee 是一个人，Manager 也是一个人，因此这两个类都可以继承 Person 类。但是 Leg 类却不能继承 Person 类，因为腿并不是一个人。面向对象开发范式大致为：划分对象→抽象类→将类组织成为层次化结构（继承和合成）→用类与实例进行设计和实现几个阶段。

8.3.2 继承的定义

Python 支持类的继承。派生类的定义如下：

继承的定义

```
class DerivedClassName (BaseClassName1):
<statement-1>
        ⋮
<statement-N>
```

需要注意圆括号中基类的顺序，若是基类中有相同的方法名，且在子类使用时未指定，则 Python 从左至右搜索，当方法在子类中未找到时，从左到右查找基类中是否包含方法。

BaseClassName（示例中的基类名）必须与派生类定义在一个作用域内。除了类，还可以用表达式，将基类定义在另一个模块中时，这一点非常有用。

```
>>>Class DerivedClassName (modname.BaseClassName):
```

示例代码如下：

```
>>> class people:
        name = '
        age = 0
        _weight = 0
        def __init__ (self, n, a, w):
          self.name = n
          self.age = a
          self._weight = w
        def speak (self):
```

```
        print ("%s 说：我 %s 岁。" % (self.name, self.age))
>>> class student (people):
        grade = ''
        def __init__ (self, n, a, w, g):
          people.__init__ (self, n, a, w)
          self.grade = g
        def speak (self):
print (
"%s 说：我 %d 岁了，我在读 %d 年级"
% (self.name, self.age, self.grade)
)
>>> s = student ()
>>> s.__init__ (" Jenny", 18, 100, 1)
>>> s.speak ()
Jenny 说：我 18 岁了，我在读 1 年级
```

语句解释：

\>>> class student（people）：语句进行单继承示例；people.__init__（self，n，a，w）语句调用父类的构造方法；def speak（self）：语句覆写父类的方法。

8.3.3　子类的构造函数

从上面的例子可以看出，子类有自己的构造方法，在代码中子类构造方法有两种写法：

```
父类名称.__init__ (self, 参数 1, 参数 2,...)
super (子类, self).__init__ (参数 1, 参数 2,...)
```

在定义子类的构造方法时，要先继承再构造，这样才能获取父类构造方法的初始化属性。子类构造方法调用父类构造方法过程如下：

实例化子类对象→调用子类__init__（）→子类__init__（）继承父类__init__（）→调用父类__init__（）。

8.3.4　多继承

Python 中多继承的类定义如下：

```
class DerivedClassName (Base1, Base2, Base3):
<statement - 1>
        ⋮
<statement - N>
```

需要注意圆括号中父类的顺序，若是父类中有相同的方法名，而在子类使用时未指定，则 Python 从左至右搜索，当方法在子类中未找到时，从左到右查找父类中是否包含方法。

示例代码如下：

```
>>> class people:
        name = ''
```

```
    age = 0
    _ weight = 0
    def __init__ (self, n, a, w):
        self. name = n
        self. age = a
        self. _ weight = w
    def speak (self):
        print ("%s 说：我 %s 岁。"% (self. name, self. age) )
>>> class student (people):
    grade ="
    def __init__ (self, n, a, w, g):
      people. __init__ (self, n, a, w)
      self. grade = g
    def speak (self):
      print (
          "%s 说：我 %d 岁了，我在读 %d 年级"
          % (self. name, self. age, self. grade)
          )
>>> class speaker ():
    topic ="
    name ="
    def __init__ (self, n, t):
        self. name = n
        self. topic = t
    def speak (self):
        print ("我叫 %s，我是一个演说家，我演讲的主题是 %s。"% (self. name, self. topic) )
>>> class sample (speaker, student):
    a ="
    def __init__ (self, n, a, w, g, t):
      student. __init__ (self, n, a, w, g)
      speaker. __init__ (self, n, t)
>>> test = sample ()
>>> test. __init__ ('Betty', 18, 100, 1," Python" )
>>> test. speak ()
我叫 Betty，我是一个演说家，我演讲的主题是 Python。
```

语句解释：

>>> class people：语句进行类定义；name="语句定义基本属性；age=0 语句定义基本属性；_ weight=0 语句定义私有属性，私有属性在类外部无法直接进行访问；def __init__ (self, n, a, w)：语句定义构造方法；class student (people)：语句定义单继承示例；people. __init__ (self, n, a, w) 语句调用父类的构造函数；def speak (self)：语句覆写父类的构造函数；>>> class speaker ()：语句为另一个类，做多重继承之前的准备；>>> class sample (speaker, student)：语句实现多重继承；>>> test. speak ( ) 语句默认调用的是在括号中排前的父类的方法。

任务 8.4 方法重写

如果父类方法的功能不能满足需求，则可以使用子类重写父类的方法。

示例代码如下：

```
>>> class Parent:
    def myMethod (self):
    print ('调用父类方法')
>>> class Child (Parent):
    def myMethod (self0):
    print ('调用子类方法')
>>> c = Child ()
>>> c. myMethod ()
```

语句解释：

>>> class Parent：语句定义父类；>>> class Child (Parent)：语句定义子类；>>> c= Child () 语句实现子类实例；>>> c. myMethod ( ) 语句实现子类调用重写方法。

知识拓展

面向过程与面向对象

面向过程或面向对象是一种编程思想，不能说某语言是不是面向对象或面向过程，但可以说某语言是否支持面向对象或面向过程。Python 可以支持面向对象，也可以支持面向过程。

一般认为，如果只是写一些简单的脚本，去做一些一次性任务，用面向过程的方式很好。但如果要处理的任务比较复杂，并且需要不断迭代和维护，则用面向对象比较方便。

1. 面向过程

核心是过程，过程指的是解决问题的步骤，比如涉及一条流水线，是一种机械式的思维方式。

(1) 根据业务逻辑从上到下写代码。

(2) 开发思路是将数据和函数按照执行的逻辑顺序组织在一起。

(3) 分开考虑数据与函数。

程序从上到下一步步执行，从头到尾地解决问题。基本设计思路就是程序开始时要着手解决一个大问题，然后把一个大问题分解成很多个小问题，这些小问题再继续分解，直到小问题足够简单到可以在一个小步骤范围内解决。

2. 面向对象

核心是对象，是特征和技能的结合体。

(1) 将数据与函数绑定到一起。

（2）进行封装。

（3）更快速高效地开发程序。

（4）减少重复代码的重写过程。

用户需求经常变化，互联网应用、游戏、企业内应用等场景，一般需要面向对象的处理方式。

思考与练习

1. __init__（ ）函数是 Python 语言的构造函数。（　　）

   A. 正确　　　　B. 错误

2. 子类只能从一个基类继承。（　　）

   A. 正确　　　　B. 错误

3. 在 Python 中，子类中的同名方法将自动覆盖父类的同名方法。（　　）

   A. 正确　　　　B. 错误

4. Python 语言类中定义的函数有一个名为 self 的参数，调用该函数时，不传实参给 self。所以，调用函数的实参个数比函数的形参个数少 1。（　　）

   A. 正确　　　　B. 错误

5. 通过继承创建的新类称为“子类”或“__________”，被继承的类称为“基类”“__________”或“__________”。

6. self 在类中的意义是什么？

7. 如何在子类中引用父类？

单元9 网络编程基础

学习目标

知识目标

1. 了解网络服务接口 Socket。
2. 掌握对象内建方法。

技能目标

1. 能够利用 Socket 进行编程。
2. 能够利用 Python Internet 的各种模块进行编程。

知识脉络图

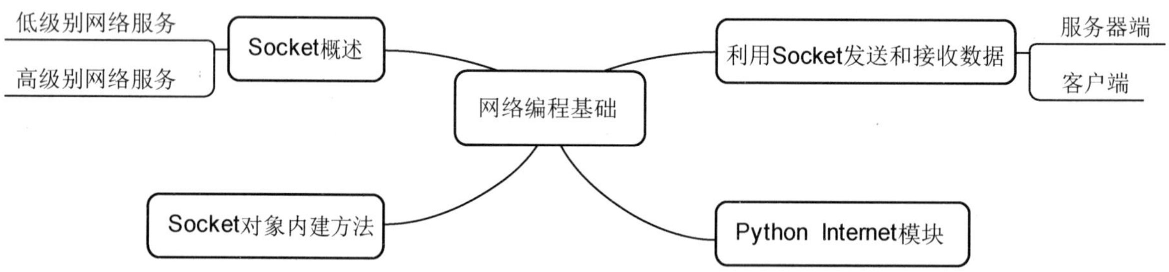

任务 9.1 Socket 概述

Python 提供了两个级别访问的网络服务：低级别的网络服务和高级别的网络服务。

低级别的网络服务支持基本的 Socket，它提供了标准的 BSD Sockets API，可以访问底层操作系统 Socket 接口的全部方法。

高级别的网络服务模块 SocketServer，它提供了服务器中心类，可以简化网络服务器的开发。

Socket 又称“套接字”，应用程序通常通过“套接字”向网络发出请求或者应答网络请求，使主机间或者一台计算机上的进程间可以通信。

Python 中可以用 socket（）函数来创建套接字，语法格式如下：

```
socket.socket（[family [，type [，protocol]]]）
```

注释：

（1）family：套接字家族可以使用 AF _ UNIX 或者 AF _ INET。

（2）type：套接字类型可以根据是面向连接的还是非连接分为 SOCK _ STREAM 或 SOCK _ DGRAM。

（3）protocol：一般不填，默认为 0。

任务 9.2 Socket 对象内建方法

Socket 对象内建方法包括服务器端 Socket 方法、客户端 Socket 方法、公共用途的 Socket 方法、面向模块的 Socket 方法和面向文件的 Socket 方法等。表 9-1 是一些 Socket 对象常用的方法。

表 9-1　Socket 对象内建方法

函数	描述
s. recv（）	接收 TCP 数据，数据以字符串形式返回，bufsize 指定要接收的最大数据量。Flag 提供有关消息的其他信息，通常可以忽略
s. send（）	发送 TCP 数据，将 string 中的数据发送到连接的套接字。返回值是要发送的字节数量，该数量可能小于 string 的字节大小
s. sendall（）	完整发送 TCP 数据。将 string 中的数据发送到连接的套接字，但在返回之前会尝试发送所有数据。若成功返回 None，若失败则抛出异常

续表

函数	描述
s. recvfrom（ ）	接收 UDP 数据，与 recv（ ）类似，但返回值是（data，address）。其中 data 是包含接收数据的字符串，address 是发送数据的套接字地址
s. sendto（ ）	发送 UDP 数据，将数据发送到套接字，address 是形式为（ipaddr，port）的元组，指定远程地址。返回值是发送的字节数
s. close（ ）	关闭套接字
s. getpeername（ ）	返回连接套接字的远程地址。返回值通常是元组（ipaddr，port）
s. getsockname（ ）	返回套接字自己的地址。通常是一个元组（ipaddr，port）
s. setsockopt（level，optname，value）	设置给定套接字选项的值
s. getsockopt（level，optname［，buflen］）	返回套接字选项的值
s. settimeout（timeout）	设置套接字操作的超时期，timeout 是一个浮点数，单位是秒。值为 None，表示没有超时期。一般，超时期应该在刚创建套接字时设置，因为它们可能用于连接的操作（如 connect（ ））
s. gettimeout（ ）	返回当前超时期的值，单位是秒，如果没有设置超时期，则返回 None
s. findno（ ）	返回套接字的文件描述符
s. setblocking（flag）	如果 flag 为 0，则将套接字设为非阻塞模式，否则将套接字设为阻塞模式（默认值）。非阻塞模式下，如果调用 recv（ ）没有发现任何数据，或 send（ ）调用无法立即发送数据，那么将引起 Socket Error 异常
s. makefile（ ）	创建一个与该套接字相关连的文件

任务 9.3 利用 Socket 发送和接收数据

9.3.1 服务器端

使用 Socket 模块的 Socket 函数来创建一个 Socket 对象。Socket 对象可以通过调用其他函数来设置一个 Socket 服务。程序中通过调用 bind（hostname，port）函数来指定函数的 port（端口）。再调用 Socket 对象的 accept 方法。该方法等待客户端的连接，并返回 connection 对象，表示已连接到客户端。示例代码如图 9-1 所示。

服务器端程序

server.py - C:/Python34/myfile/server.py (3.4.3)

File Edit Format Run Options Window Help

```
#文件名：server.py
import socket                    #导入socket模块
import sys                       #导入sys模块
serversocket=socket.socket(socket.AF_INET,socket.SOCK_STREAM)
#创建socket对象
host=socket.gethostname()    #获取本地主机名
port=9999                    #获取端口号
serversocket.bind((host,port))   #绑定端口
serversocket.listen(5)       #设置最大连接数，超过后排队
while True:
      clientsocket,addr=serversocket.accept()   #建立客户端连接
      print("连接地址：%s"%str(addr))
      msg='欢迎访问我的Python教程！'+"\r\n"
      clientsocket.send(msg.encode('utf+8'))
      clientsocket.close()
```

图 9-1　服务器端程序

9.3.2 客户端

编写一个简单的客户端实例连接到以上创建的服务。其端口号为 9999。socket. connect（hosname，port）方法打开一个 TCP 连接到主机为 hostname、端口为 port 的服务上。连接后就可以从服务端获取数据，操作完成后需要关闭连接。示例代码如图 9-2 所示。

client.py - C:/Python34/myfile/client.py (3.4.3)

File Edit Format Run Options Window Help

```
#文件名：clicnt.py
import socket           #导入socket模块
import sys              #导入sys模块
s=socket.socket(socket.AF_INET,socket.SOCK_STREAM)   #创建socket对象
host=socket.gethostname()     #获取本地主机名
port=9999                     #设置端口号
s.connect((host,port))        #连接服务，指定主机和端口
msg=s.recv(1024)              #接受小于1024字节的数据
s.close()
print(msg.decode('utf-8'))
```

图 9-2　客户端程序

现在打开两个终端，第一终端执行 server. py 文件：

```
$ Python3 server. py
```

第二个终端执行 client. py 文件：

```
$ Python3 client.py
欢迎访问我的 Python 教程
```

再打开第一个终端，会看到有以下信息输出：

```
连接地址：('192.168.0.118', 33397)
```

任务 9.4 Python Internet 模块

表 9-2 列出了一些 Python 网络编程的一些重要模块。

表 9-2　Python 网络编程的模块

协议	功能用处	端口号	模块
HTTP	网页访问	80	httplib、urllib、xmlrpclib
NNTP	阅读和张贴新闻文章	119	nntplib
FTP	文件传输	20	ftplib，urllib
SMTP	发送邮件	25	smtplib
POP3	接收邮件	110	poplib
IMAP4	获取邮件	143	imaplib
Telnet	命令行	23	telnetlib
Gopher	信息查找	70	gopherlib，urllib

知识拓展

网络编程基础的相关知识

1. C/S 架构，即客户端/服务端架构。

2. OSI 七层架构

七层模型，是国际标准化组织制定的一个用于计算机或通信系统间互联的标准体系。它是一个 7 层的、抽象的模型体，不仅包括一系列抽象的术语或概念，与包括具体的协议。

应用层（网络服务与最终用户的一个接口）——协议有 HTTP、FTP、TFTP、SMTP、SNMP、DNS、TELNET、HTTPS、POP3 及 DHCP。

表示层（数据的表示、安全、压缩，在五层模型里面已经合并到了应用层）——格式有 JPEG、ASCII、DECOIC、加密格式等。

会话层（建立、管理、终止对话，在五层模型里面已经合并到了应用层）。

传输层（定义传输数据的协议端口号以及流控和差错校验）——协议有 TCP、UDP。

网络层（进行逻辑地址寻址，实现不同网络之间的路径选择）——协议有 ICMP、IGMP、IP

(IPV4、IPV6)、ARP 用 RARP。

数据链路层（建立逻辑连接、进行硬件地址寻址、差错校验等功能）——由底层网络定义协议。

物理层（建立、维护、断开物理连接）——由底层网络定义协议。

3. Socket

Socket 起源于 Unix，而 Uninx/Linux 认为“一切皆文件”。Socket 就是该模式的一个实现，socket 是一种特殊文件，一些函数就是对其进行操作。

思考与练习

1. Python 提供了两个级别访问的网络服务，低级别为__________，高级别为__________。

2. recv（ ）函数接收 TCP 数据，数据以__________形式返回，__________指定要接收的最大数据量。

3. HTTP 协议的端口号是(　　)。

A. 80　　B. 119　　C. 20　　D. 25

4. 用于文件传输的协议是(　　)。

A. HTTP　　B. FTP　　C. POP3　　D. SMTP

5. 用于接收邮件的协议是(　　)。

A. HTTP　　B. FTP　　C. POP3　　D. SMTP

6. 用于发送邮件的协议是(　　)。

A. HTTP　　B. FTP　　C. POP3　　D. SMTP

单元 10 Python标准库及第三方库

学习目标

知识目标

1. 掌握 turtle 库和 random 库等标准库的属性和方法。
2. 掌握第三方库的常见安装方法。
3. 掌握 PyInstaller 库和 jieba 库的属性和方法。

技能目标

1. 能够利用 turtle 库和 random 库编写 Python 程序。
2. 能够使用 pip 工具安装第三方库。
3. 能够利用 PyInstaller 库和 jieba 库编写 Python 程序。

知识脉络图

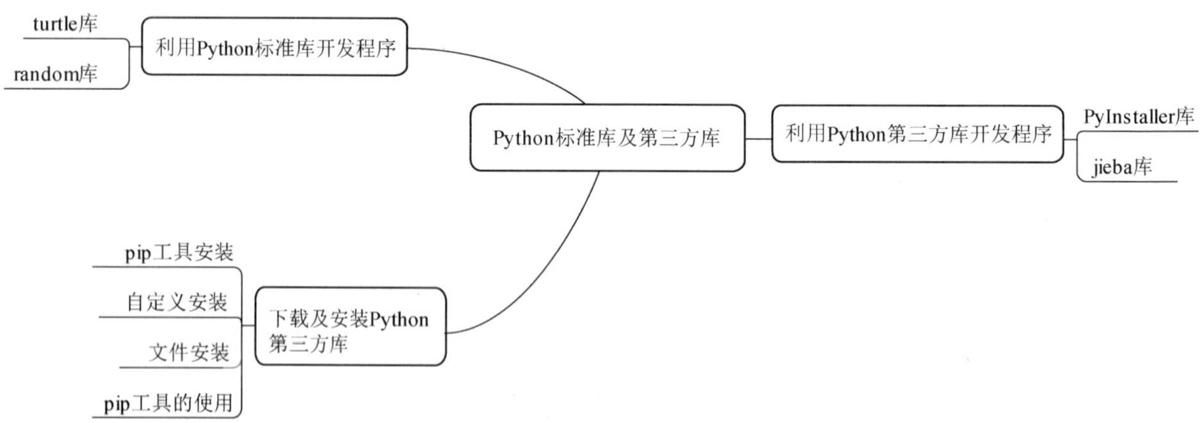

任务 10.1 利用 Python 标准库开发程序

Python 有一部分库文件随 Python 安装包一起发布，用户可以随时使用，被称为 Python 标准库。Python 安装包有大小限制，标准库数量不会很多，通常为 270 个左右。部分 Python 标准库由 PSF 组织（Python 软件基金会）进行维护，但大部分 Python 标准库仍然由最初的开发者维护。

Python 语言的核心只包含数字、字符串、列表、字典、文件等常见类型和函数，而由 Python 标准库提供了系统管理、网络通信、文本处理、数据库接口、图形系统、XML 处理等额外的功能。

Python 标准库的主要功能如下：

（1）文本处理，包含文本格式化、正则表达式匹配、文本差异计算与合并、Unicode 支持、二进制数据处理等功能。

（2）文件处理，包含文件操作、创建临时文件、文件压缩与归档、操作配置文件等功能。

（3）操作系统功能，包含线程与进程支持、IO 复用、日期与时间处理、调用系统函数、日志等功能。

（4）网络通信，包含网络套接字、SSL 加密通信、异步网络通信等功能。

（5）网络协议，支持 HTTP、FTP、SMTP、POP、IMAP、NNTP、XMLRPC 等多种网络协议，并提供了编写网络服务器的框架。

（6）W3C 格式支持，包含 HTML、SGML、XML 的处理。

（7）其他功能，包括国际化支持、数学运算、HASH、Tkinter 等。

本节主要介绍标准库中的 turtle 库和 random 库。

10.1.1 turtle 库

turtle 是 Python 重要的标准库之一，能够进行基本的图形绘制。turtle 图形绘制的概念诞生于 1969 年，成功应用于 LOGO 编程语言。由于 turtle 图形绘制的概念十分直观且非常流行，Python 接受了这个概念，形成了 Python 的 turtle 库并成为标准库之一。

turtle 库就像一只小海龟，在一个横轴为 x、纵轴为 y 的坐标系原点，（0，0）位置开始，它根据一组函数指令的控制，在这个平面坐标系中移动，从而在它爬行的路径上绘制了图形。

使用 import 对 turtle 库引用有如下两种方法：

第一种，使用 import turtle，对 turtle 库中函数调用采用 turtle. 函数名。

```
import turtle
turtle.circle (200)
```

第二种，使 from turtle import *，对 turtle 库中函数调用直接采用函数名，不再使用 turtle. 作为前缀。

```
from turtle import *
circle (200)
```

(1) 画布。

画布就是 turtle 用于绘图区域，我们可以设置它的大小和初始位置。

设置画布大小：

turtle. screensize (canvwidth=None, canvheight=None, bg=None)，参数分别为画布的宽（单位为像素）、高及背景颜色。

例如，turtle. screensize (800, 600, "green")

turtle. screensize () #返回默认大小 (400, 300)

turtle. setup (width=0.5, height=0.75, startx=None, starty=None)

参数：width 和 heigh 输入的宽和高为整数时，表示像素；输入的为小数时，表示占据计算机屏幕的比例，(startx, starty) 这一坐标表示矩形窗口左上角顶点的位置，如果为空，则窗口位于屏幕中心。

例如：turtle. setup (width=0.6, height=0.6)

turtle. setup (width=800, height=800, startx=100, starty=100)

(2) 画笔。

画布上默认有一个坐标原点为画布中心的坐标轴，坐标原点上有一只面朝 x 轴正方向小海龟。在 turtle 绘图中，就是使用位置方向描述小海龟（画笔）的状态。画笔的属性包括颜色、画线的宽度等。

turtle. pensize ( )：设置画笔的宽度。

turtle. pencolor ( )：没有参数传入，返回当前画笔颜色，传入参数设置画笔颜色，可以是字符串如" green"、" red"，也可以是 RGB 3 元组。

turtle. speed (speed)：设置画笔移动速度，画笔绘制的速度范围 [0, 10] 整数，数字越大越快。

操纵海龟绘图有着许多的命令，这些命令可以划分为 3 种：一种为运动命令，一种为画笔控制命令，还有一种是全局控制命令。

画笔的各种命令见表 10-1～10-4。

表 10-1　画笔运动命令

命　令	说　明
turtle. forward (distance)	向当前画笔方向移动 distance 像素长度
turtle. backward (distance)	向当前画笔相反方向移动 distance 像素长度
turtle. right (degree)	顺时针移动 degree
turtle. left (degree)	逆时针移动 degree
turtle. pendown ()	移动时绘制图形，缺省时也为绘制
turtle. goto (x, y)	将画笔移动到坐标为 x, y 的位置
turtle. penup ()	提起笔移动，不绘制图形，用于另起一个地方绘制
turtle. circle ()	画圆，半径为正（负），表示圆心在画笔的左边（右边）画圆
setx ( )	将当前 x 轴移动到指定位置

续表

命　令	说　明
sety（ ）	将当前 y 轴移动到指定位置
setheading（angle）	设置当前朝向为 angle 角度
home（）	设置当前画笔位置为原点，朝向东
dot（r）	绘制一个指定直径和颜色的圆点

表 10-2　画笔控制命令

命令	说明
turtle. fillcolor（colorstring）	绘制图形的填充颜色
turtle. color（color1，color2）	同时设置 pencolor=color1，fillcolor=color2
turtle. filling（）	返回当前是否在填充状态
turtle. begin _ fill（）	准备开始填充图形
turtle. end _ fill（）	填充完成
turtle. hideturtle（）	隐藏画笔的 turtle 形状
turtle. showturtle（）	显示画笔的 turtle 形状

表 10-3　全局控制命令

命令	说明
turtle. clear（）	清空 turtle 窗口，但是 turtle 的位置和状态不会改变
turtle. reset（）	清空窗口，重置 turtle 状态为起始状态
turtle. undo（）	撤销上一个 turtle 动作
turtle. isvisible（）	返回当前 turtle 是否可见
stamp（）	复制当前图形
turtle. write（s [，font =（"font – name"， font _ size，" font _ type"）]）	写文本，s 为文本内容，font 是字体的参数，分别为字体名称、大小和类型；font 为可选项，font 参数也是可选项

表 10-4　其他命令

命令	说明
turtle. mainloop（）或 turtle. done（）	启动事件循环 —调用 Tkinter 的 mainloop 函数。必须是乌龟图形程序中的最后一个语句
turtle. mode（mode=None）	设置乌龟模式（“standard”“logo”或“world”）并执行重置。如果没有给出模式，则返回当前模式
turtle. delay（delay=None）	设置或返回以毫秒为单位的绘图延迟

续表

命令	说明
turtle. begin _ poly ()	开始记录多边形的顶点。当前的乌龟位置是多边形的第一个顶点
turtle. end _ poly ()	停止记录多边形的顶点。当前的乌龟位置是多边形的最后一个顶点。将与第一个顶点相连
turtle. get _ poly ()	返回最后记录的多边形

（3）命令举例。

turtle. circle（radius，extent=None，steps=None）

描述：以给定半径画圆

参数：radius（半径）：半径为正（负），表示圆心在画笔的左边（右边）画圆；extent（弧度）（可选）；steps（可选）（作半径为 radius 的圆的内切正多边形，多边形边数为 steps）。

举例：

circle（50）　　＃ 整圆

circle（50，steps=3）　　＃ 三角形

circle（120，180）　　＃ 半圆

turtle 库的应用

利用绘图命令绘制三角形（图 10-1），示例程序如下：

```
import turtle
turtle.setup (1000, 1000, 0, 0)
size = 20
turtle.pensize (size)
turtle.color ("red" )
length = 200
turtle.seth (0)
turtle.fd (length)
turtle.seth (120)
turtle.fd (length)
turtle.seth (240)
turtle.fd (length)
```

图 10-1　程序运行效果图

10.1.2 random 库

随机数在计算机应用中十分常见，Python 提供了 random 库，用于产生各种分布的伪随机数序列。random 库采用 Mersenne twister 生成伪随机数序列，可用于除随机性要求更高的加解密算法外的大多数工程应用。

使用 random 库的主要目的是生成随机数。因此，只需要查阅库的随机数生成函数，找到符合使用场景的函数使用即可。这个库提供了不同类型的随机数函数，其中最基本的函数是 random. random（ ），生成一个［0.0，1.0］之间的随机小数，所有其他随机函数都是基于这个函数扩展而来的。

表 10-5　random 库的常用函数

函　数	描　述
randint（a，b）	生成一个［a，b］之间的整数 ＞＞＞random. randint（10，100）
randrange（m，n［，k］）	生成一个［m，n）之间以 k 为步长的随机整数 ＞＞＞random. randrange（10，100，10）
getrandbits（k）	生成一个 k bit 长的随机整数 ＞＞＞random. getrandbits（16） 37885
uniform（a，b）	生成一个［a，b］之间的随机小数 ＞＞＞random. uniform（10，100） 16.848041210321334
choice（seq） 序列相关	从序列中随机选择一个元素 ＞＞＞random. choice（［1，2，3，4，5，6，7，8，9］）8
shuffle（seq） 序列相关	将序列 seq 中元素随机排列，返回打乱后的序列 ＞＞＞s=［1，2，3，4，5，6，7，8，9］；random. shuffle（s）；print（s） ［9，4，6，3，5，2，8，7，1］

与其他编程语言相似，Python 中随机数的生成基于随机数“种子”，每个种子作为输入，利用算法生成一系列随机数，构成伪随机序列。random 库使用 random. seed（x）对后续产生的随机数设置种子 x。

设置随机数种子的好处是可以准确复现随机数序列，用于重复程序的运行轨迹。对于仅使用随机数但不需要复现的情况，可以不用设置随机数种子。如果程序没有显式设置随机数种子，则使用随机数生成函数前，将默认以当前系统的运行时间为种子产生随机序列。

任务 10.2 下载及安装 Python 第三方库

Python 社区提供了大量的第三方库，使用方式与标准库类似。它们的功能覆盖科学计算、Web 开发、数据库接口、图形系统多个领域。Python 第三方库依照安装方式的灵活性和难易程度可分为 3 种方法，其中包括 pip 工具安装、自定义安装和文件安装。

10.2.1 pip 工具安装

最常用且高效的 Python 第三方库安装方式是采用 pip 工具安装。pip 是 Python 官方提供并维护的在线第三方库安装工具。使用 pip 安装第三方库需要联网。安装一个库的命令格式如下：

pip 工具安装
Python 第三方库

```
pip install 第三方库名
```

例如，安装 pygame 库，pip 工具默认从网络上下载 pygame 库安装文件并自动安装到系统中。

```
:>pip install pygame
…
Installing collected packages: pygame
Successfully installed pygame-1.9.2b1
```

pip 是第三方库最主要的安装方式，可以安装超过 95%以上的第三方库。然而，还有一些第三方库无法用 pip 安装，需要使用其他的安装方式。

10.2.2 自定义安装

自定义安装指安装第三方库提供的步骤和方式安装。第三方库都有主页用于维护库的代码和文档。通常可根据 Python 第三方库官方网站中的指示步骤安装。自定义安装一般适用于在 pip 中尚无登记或安装失败的第三方库。

10.2.3 文件安装

由于 Python 的某些第三方库仅提供源代码，通过 pip 下载文件后无法在 Windows 系统编译安装，会导致第三方库安装失败。在 Windows 平台下所遇到无法安装第三方库的问题大多属于这类。其中一些库可以利用 .whl 文件安装，即执行 pip install XXX.whl 命令。

10.2.4 pip 工具的使用

除了进行第三方库安装之外，pip 工具能够对第三方库进行基本的维护。执行 pip －h 将列出 pip 常用的子命令。注意，要在 cmd 命令行下运行 pip 程序，而不要在 IDLE 环境下运行 pip 程序。

```
:\>pip -h
Usage:
  pip <command> [options]

Commands:
  Install                     Install packages.
  uninstall                   Uninstall packages.
  freeze                      Output installed packages in requirements format.
  list                        List installed packages.
  show                        Show information about installed packages.
  search                      Search PyPI for packages.
  wheel                       Build wheels from your requirements.
  zip                         DEPRECATED. Zip individual packages.
  unzip                       DEPRECATED. Unzip individual packages.
  help                        Show help for commands.
```

与此同时，也列出了 pip 命令的常用参数。

```
General Options:
  -h, --help                  Show help.
  --isolated                  Run pip in an isolated mode, ignoring
                              environment variables and user configuration.
  -v, --verbose               Give more output. Option is additive, and can
                              be used up to 3 times.
  -V, --version               Show version and exit.
  -q, --quiet                 Give less output.
  --log <path>                Path to a verbose appending log.
  --proxy <proxy>             Specify a proxy in the form
                              [user: passwd@] proxy. server: port.
  --retries <retries>         Maximum number of retries each connection
                              should attempt (default 5 times) .
  --timeout <sec>             Set the socket timeout (default 15 seconds) .
  --exists-action <action>    Default action when a path already exists:
                              (s) witch, (i) gnore, (w) ipe, (b) ackup.
  --trusted-host <hostname>   Mark this host as trusted, even though it does
                              not have valid or any HTTPS.
  --cert <path>               Path to alternate CA bundle.
  --client-cert <path>        Path to SSL client certificate, a single file
                              containing the private key and the certificate
                              in PEM format.
  --cache-dir <dir>           Store the cache data in <dir>.
  --no-cache-dir              Disable the cache.
  --disable-pip-version-check Don't periodically check PyPI to determine
                              whether a new version of pip is available for
                              download. Implied with --no-index.
```

任务 10.3 利用 Python 第三方库开发程序

Python 第三方库的种类繁多，本节仅以 PyInstaller 库和 jieba 库为例，展示 Python 第三方库的使用方法。

10.3.1 PyInstaller 库

PyInstaller 是一个十分有用的 Python 第三方库，能够在 Windows、Linux 等操作系统下将源文件打包成为可执行文件。通过对源文件打包，Python 程序可以在没有安装 Python 的环境中运行，也可以作为一个独立的文件方便传递和管理。PyInstaller 需要在命令行下用 pip 工具安装。

```
:\>pip install PyInstaller
```

使用 PyInstaller 库对 Python 源文件打包十分简单，使用方法如下：

```
:\>PyInstaller <Python 源文件名>
```

执行完毕后，源文件所在目录将生成 dist 和 build 两个文件夹。其中，build 目录是 PyInstaller 存储临时文件的目录，可以安全删除。最终的打包程序在 dist 内部与源文件同名的目录中。目录中其他文件是可执行文件的动态链接库。

可以通过－F 参数对 Python 源文件生成一个独立的可执行文件。

```
:\>PyInstaller -F <Python 源文件名>
```

与－F 使用方式类似，PyInstaller 有一些常用参数，见表 10-6。

表 10-6 PyInstaller 命令的常用参数

参数	功能
－F，－－onefile	在 dist 文件夹中只生成独立的打包文件
－D，－－onefile	默认值，生成 dist 目录
－K，－－tk	在部署时包含 TCL/TK
－a，－－ascii	不包含编码，在支持 Unicode 的 Python 版本上默认包含所有的编码
－d，－－debug	产生 debug 版本的可执行文件
－w，－－windowed，－－noconsole	使用 Windows 子系统执行，当程序启动的时候不会打开命令行（只对 Windows 有效）
－c，－－nowindowed，－－console	使用控制台子系统执行（只对 Windows 有效） pyinstaller －c xxxx. py pyinstaller xxxx. py －－console

续表

参数	功能
－X，－－upx	如果有 UPX 安装（执行 Configure. py 时检测），会压缩执行文件
－o DIR，－－out=DIR	指定 spec 文件的生成目录，如果没有指定，而且当前目录是 PyInstaller 的根目录，则自动创建一个用于输出（spec 和生成的可执行文件）的目录。如果没有指定，而当前目录不是 PyInstaller 的根目录，则会输出到当前的目录下
－p DIR，－－path=DIR	设置导入路径（与使用 Pythonpath 效果相似）。可以用路径分割符分割，指定多个目录
－－icon=＜FILE. ICO＞	将 file. ico 添加为可执行文件的资源
－－icon=＜FILE. EXE，N＞	将 file. exe 的第 n 个图标添加为可执行文件的资源
－v FILE，－－version=FILE	将 verfile 作为可执行文件的版本资源
－n NAME，－－name=NAME	可选的项目（产生的 spec 的）名字。如果省略，则第一个脚本的主文件名将作为 spec 的名字

10. 3. 2 jieba 库

与拉丁语系不同，中文不使用空格来分割每个有意义的词。而当我们进行自然语言处理的时候，大部分情况下，词汇是我们对句子和文章理解的基础，因此需要一个工具把完整的文本中分解成粒度更细的词。中文及类似语言存在一个重要的“分词”问题。

jieba 库的应用

jieba 是 Python 中一个非常好用的中文分词工具，能够将一段中文文本分割成中文词语的序列。jieba 库需要在 cmd 命令行下通过 pip 命令安装，pip 安装命令如下：

```
:\>pip install jieba
You are using pip version 6.0.8, however version 18.1 is available.
You should consider upgrading via the 'pip install --upgrade pip' command.
Collecting jieba
  Downloading
    https://files.Pythonhosted.org/packages/71/46/c6f9179f73b818d5827202ad1c4a94e371a29473b7f043b
    736b4dab6b8cd/jieba-0.39.zip (7.3MB)
    100% |################################| 7.3MB 35kB/s
Installing collected packages: jieba
  Running setup.py install for jieba
Successfully installed jieba-0.39
```

jieba 库的分词原理是利用一个中文词库，将待分词的内容与分词词库进行比对，通过图结构和动态规划方法找到最大概率的词组。除了分词，jieba 还提供增加自定义中文单词的功能。

jieba 库支持 3 种分词模式：

①精确模式：将句子最精确地切开，适合文本分析。

②全模式：把句子中所有的可以成词的词语都扫描出来，速度非常快，但是不能解决歧义。

③搜索引擎模式：在精确模式的基础上，对长词再次切分，提高召回率，适合用于搜索引擎分词。

jieba 库主要提供中文分词的功能，可以辅助自定义分词词典。jieba 库包含的主要函数见表 10-7。

表 10-7　jieba 库的常用分词函数

函数	描述
jieba. lcut（str）	精确模式，返回分词后的列表
jieba. lcut（str，cut _ all=True）	全模式，返回所有可能的分词列表
jieba. lcut _ for _ search（str）	搜索引擎模式，返回该模式的分词列表
jieba. add _ word（word）	向分词词典添加新词 word

jieba. lcut（str）是最常用的分词函数，可以实现精确模式的分词功能，将字符串分割成等量的中文词组，并将分词后的结果以列表的形式返回。对于中文词来说，jieba 库只需要一行代码即可，示例代码如下：

```
>>> import jieba
>>> jieba. lcut ('Python 程序设计基础教程')
Building prefix dict from the default dictionary ...
Dumping model to file cache
    C:\Users \ JIMMY \ AppData \ Local \ Temp \ jieba. cache
Loading model cost 2. 264 seconds.
Prefix dict has been built succesfully.
['Python', '程序设计', '基础教程']
```

jieba. lcut（str，cut _ all=True）可以实现全模式的分词功能，把句子中所有的可以成词的词语都扫描出来，并将分词后的结果以列表的形式返回，冗余性最大。示例代码如下：

```
>>> import jieba
>>> jieba. lcut ('Python 程序设计基础教程', cut _ all = True)
['Python', '程序', '程序设计', '设计', '基础', '基础教程', '教程']
```

jieba. lcut _ for _ search（str）可以实现搜索引擎模式的分词功能，先进行精确模式分词，然后对长词再次切分，并将分词后的结果以列表的形式返回。示例代码如下：

```
>>> import jieba
>>> jieba. lcut _ for _ search ('Python 程序设计基础教程')
['Python', '程序', '设计', '程序设计', '基础', '教程', '基础教程']
```

使用 jieba. add _ word（word）函数可以实现向 jieba 词库添加新词的功能。与 del _ word（word）词库词语删除函数配合，在程序运行过程中，动态修改词库。示例代码如下：

```
>>> jieba.add_word('Python 程序')
>>> jieba.lcut('Python 程序设计基础教程')
['Python 程序','设计','基础教程']
>>> jieba.lcut_for_search('Python 程序设计基础教程')
['程序','Python 程序','设计','基础','教程','基础教程']
```

在本例中加入新词“Python 程序”，再次使用精确模式和搜索引擎模式进行分词时，将识别出这个新添加的词语。

知识拓展

常用的 Python 第三方库

如果说强大的标准库奠定了 Python 发展的基石，丰富的第三方库则是 Python 不断发展的保证。随着 Python 的发展，一些稳定的第三库被加入到了标准库里面。本书附录中列举了应用于不同领域的 Python 第三方库资源。此外，在 http://pypi.python.org 网站中也可以查询到可用的 Python 第三方库。这里介绍几种常用的 Python 第三方库。

1. Pillow

简介：图像“无痛”处理库，易用版的 PIL。

功能：大多数执行过图像处理的 Pythonist 应该会熟悉 PIL（Python 图像库），但 PIL 有不少缺点和限制，并且很少更新。Pillow 的目标是比 PIL 更容易使用，并通过最小的变化与 PIL 代码兼容。扩展包括用于与本机 Windows 的映像功能和 Python Tcl/Tk－backed Tkinter GUI 包。

Pillow 在 2017 年初发布了 4.0 版本，增加了许多变化，主要是针对内部结构，但同时也更新了 Pillow 使用的 FreeType 和 OpenJpeg 等最新版本的依赖库。

2. Goocy

简介：将命令行程序变成一个 GUI 程序。

功能：Gooey 论证了 argparse 命令行解析库期望的参数，并把它们作为 GUI 形式呈现给用户，所有选项都使用适当的控件（例如多选项参数的下拉列表等）进行标记和显示。

3. Scrapy

简介：一个快速、高级的屏幕抓取及 Web 爬虫框架。

功能：Scrapy 保持整个爬取过程简单。创建一个类，并定义你要删除的项目的类型，并编写一些关于如何从页面中提取数据的规则。结果将以 JSON、XML、CSV 或许多其他的格式导出。收集的数据可以保存为 raw，也可以在导入时进行清理。此外，Scrapy 可以扩展允许许多其他行为，例如网站登录处理、会话 cookie 处理。图像也可以被 Scrapy 自动提取并与被抓取的内容相关联。

4. Pygame

简介：一个高可移植性的游戏开发模块。

功能：Pygame 提供了一个方便的选项来处理许多面向 GUI 的行为：绘制画布和 sprite 图形、处理多声道声音、处理窗口和点击事件、碰撞检测等。

5. NumPy

简介：科学计算和数学工作基础包，包括统计学、线性代数、矩阵数学、金融操作等。

功能：NumPy 提供了许多高级的数值编程工具，如矩阵数据类型、矢量处理以及精密的运算库，专为进行严格的数字处理而产生，与稀疏矩阵运算包 Scipy 配合使用更加方便。

6. Cython

简介：Python 的 C 语言扩展工具，使用类型混合使 Python 编译成 C 模块来获得性能的提升。

功能：Python 有很好的便利性，但这种方便是以性能为代价的。C 语言是运行时性能的黄金标准，但可能难以处理。Cython 对这两者进行挖掘，不仅提供一个 Python 访问 C 库的方便选项，还允许 Python 代码转换为高性能的 C 代码。它在科学计算中广泛使用，但也可以用于各种应用的加速。

思考与练习

1. turtle 库是一个(　　)。

A. 绘图库　　B. 数值计算库　　C. 爬虫库　　D. 时间库

2. turtle 库中向画笔方向移动 x 像素长度的语句是(　　)。

A. turtle. forward（x）　　B. turtle. backward（x）

C. turtle. right（x）　　D. turtle. left（x）

3. random 库中，random（）函数的作用是(　　)。

A. 生成随机数 x 且 0≤x<100，x 为整数

B. 生成随机数 x 且 0.0≤x<10.0

C. 将列表中的元素打乱顺序重新排列

D. 生成随机数 x 且 0.0≤x<1.0

4. 下面关于 pip 安装方式说法中错误的是(　　)。

A. pip 工具几乎可以安装任何 Python 第三方库

B. pip 的 download 子命令可以下载第三方库的安装包并安装

C. pip 可以安装已经下载的 .whl 安装文件

D. Python 第三方库有 3 种安装方式，其中 pip 是最常用的方式

5. 下列哪一个不是 pip 的合法命令？(　　)

A. install　　B. hash　　C. help　　D. update

思考与练习

6. 使用 PyInstaller 打包工具时，想要在 dist 文件夹中只生成一个单独的 exe 文件，所需的参数是(　　)。

A. －D　　B. －w　　C. －c　　D. －F

7. 下面关于 jieba 库的描述中错误的是(　　)。

A. jieba 库是一个中文分词工具

B. jieba 库利用的是基于概率的分词方法

C. jieba 库提供增加自定义中文单词的功能

D. jieba 库的分词模式分为模糊模式、精确模式、全模式和搜索引擎模式

8. jieba 库的函数 jieba. lcut（ ）返回值的类型是(　　)。

A. 列表　　B. 迭代器　　C. 字符串　　D. 元组

附　　录

Python 第三方库资源（一）

除了第 10 章所讲到的 Python 标准库及第三方库，Python 的第三方库还涉及环境管理、包管理、包仓库、文件、文本处理、自然语言处理等各个领域，以下列举部分 Python 第三方库资源。由于篇幅所限，更多 Python 第三方库资源描述，请扫描二维码获取。

环境管理

管理 Python 版本和环境的工具。

- p：非常简单的交互式 Python 版本管理工具。
- pyenv：简单的 Python 版本管理工具。
- Vex：可以在虚拟环境中执行命令。
- virtualenv：创建独立 Python 环境的工具。
- virtualenvwrapper：virtualenv 的一组扩展。

包管理

管理包和依赖的工具。

- pip：Python 包和依赖关系管理工具。
- pip－tools：保证 Python 包依赖关系更新的一组工具。
- conda：跨平台，Python 二进制包管理工具。
- Curdling：管理 Python 包的命令行工具。
- wheel：Python 分发的新标准，意在取代 eggs。

包仓库

本地 PyPI 仓库服务和代理。

- warehouse：下一代 PyPI。
- Warehouse：PyPA 提供的 PyPI 镜像工具。
- devpi：PyPI 服务和打包/测试/分发工具。
- localshop：本地 PyPI 服务（自定义包并且自动对 PyPI 镜像）。

分发

打包为可执行文件以便分发。

- PyInstaller：将 Python 程序转换成独立的执行文件（跨平台）。
- dh－virtualenv：构建并将 virtualenv 虚拟环境作为一个 Debian 包来发布。
- Nuitka：将脚本、模块、包编译成可执行文件或扩展模块。
- py2app：将 Python 脚本变为独立软件包（Mac OS X）。
- py2exe：将 Python 脚本变为独立软件包（Windows）。
- pynsist：一个用来创建 Windows 安装程序的工具，可以在安装程序中打包 Python 本身。

构建工具

将源码编译成软件。

- buildout：一个构建系统，从多个组件来创建，组装和部署应用。
- BitBake：针对嵌入式 Linux 的类似 make 的构建工具。
- fabricate：对任何语言自动找到依赖关系的构建工具。
- PlatformIO：多平台命令行构建工具。
- PyBuilder：纯 Python 实现的持续化构建工具。
- SCons：软件构建工具。

交互式解析器

交互式 Python 解析器。

- IPython：功能丰富的工具，非常有效的使用交互式 Python。
- bPython：界面丰富的 Python 解析器。
- ptPython：高级交互式 Python 解析器，构建于 Python－prompt－toolkit 之上。

文件

文件管理和 MIME（多用途的网际邮件扩充协议）类型检测。

- imghdr：（Python 标准库）检测图片类型。
- mimetypes：（Python 标准库）将文件名映射为 MIME 类型。
- path. py：对 os. path 进行封装的模块。
- pathlib：（Python3. 4＋ 标准库）跨平台的、面向对象的路径操作库。
- Python-magic：文件类型检测的第三方库 libmagic 的 Python 接口。
- Unipath：用面向对象的方式操作文件和目录。
- watchdog：管理文件系统事件的 API 和 shell 工具。

日期和时间

操作日期和时间的类库。

- arrow：更好的 Python 日期时间操作类库。

- Chronyk：Python 3 的类库，用于解析手写格式的时间和日期。
- dateutil：Python datetime 模块的扩展。
- delorean：解决 Python 中有关日期处理的棘手问题的库。
- moment：一个用来处理时间和日期的 Python 库。灵感来自于 Moment. js。
- PyTime：一个简单易用的 Python 模块，用于通过字符串来操作日期/时间。
- pytz：现代以及历史版本的世界时区定义。将时区数据库引入 Python。
- when. py：提供用户友好的函数来帮助用户进行常用的日期和时间操作。

文本处理

用于解析和操作文本的库。

- chardet：字符编码检测器，兼容 Python 2 和 Python 3。
- difflib：(Python 标准库）帮助我们进行差异化比较。
- ftfy：让 Unicode 文本更完整、更连贯。
- fuzzywuzzy：模糊字符串匹配。
- Levenshtein：快速计算编辑距离以及字符串的相似度。
- pangu. py：在中日韩语字符和数字字母之间添加空格。
- yfiglet－figlet：pyfiglet －figlet 的 Python 实现。
- shortuuid：一个生成器库，用以生成简洁的，明白的，URL 安全的 UUID。
- unidecode：Unicode 文本的 ASCII 转换形式。
- uniout：打印可读的字符，而不是转义的字符串。
- xpinyin：一个用于把汉字转换为拼音的库。
- simplejson：Python 的 JSON 编码、解码器。

Slug 化

- awesome－slugify：一个 Python slug 化库，可以保持 Unicode。
- Python－slugify：Python slug 化库，可以把 unicode 转化为 ASCII。
- unicode－slugify：一个 slug 工具，可以生成 unicode slugs ，需要依赖 Django 。

解析器

- phonenumbers：解析，格式化，储存，验证电话号码。
- PLY：lex 和 yacc 解析工具的 Python 实现。
- Pygments：通用语法高亮工具。
- pyparsing：生成通用解析器的框架。
- Python－nameparser：把一个人名分解为几个独立的部分。
- Python－user－agents：浏览器 user agent 解析器。
- sqlparse：一个无验证的 SQL 解析器。

特殊文本格式处理

一些用来解析和操作特殊文本格式的库。

通用

• tablib：一个用来处理中表格数据的模块。

Office

• Marmir：把输入的 Python 数据结构转换为电子表单。

• openpyxl：一个用来读写 Excel 2010 xlsx/xlsm/xltx/xltm 文件的库。

• Python－docx：读取，查询以及修改 Microsoft Word 2007/2008 docx 文件。

• unoconv：在 LibreOffice/OpenOffice 支持的任意文件格式之间进行转换。

• XlsxWriter：一个用于创建 Excel .xlsx 文件的 Python 模块。

• xlwings：一个使得在 Excel 中方便调用 Python 的库，基于 BSD 协议。

• xlwt：读写 Excel 文件的数据和格式信息。

• relatorio：模板化 OpenDocument 文件。

PDF

• PDFMiner：一个用于从 PDF 文档中抽取信息的工具。

• PyPDF2：一个可以分割，合并和转换 PDF 页面的库。

• ReportLab：快速创建富文本 PDF 文档。

Markdown

• Mistune：快速并且功能齐全的纯 Python 实现的 Markdown 解析器。

• Python－Markdown：John Gruber's Markdown 的 Python 版实现。

• Python－Markdiwn2：纯 Python 实现的 Markdown 解析器，比 Python-Markdown 更快、更准确，可扩展。

YAML

• PyYAML：Python 版本的 YAML 解析器。

CSV

• csvkit：用于转换和操作 CSV 的工具。

Archive

• unp：一个用来方便解包归档文件的命令行工具。

自然语言处理

用来处理人类语言的库。

• NLTK：一个先进的平台，用以构建处理人类语言数据的 Python 程序。

• jieba：中文分词工具。

• langid. py：独立的语言识别系统。

- Pattern：Python 网络信息挖掘模块。
- SnowNLP：一个用来处理中文文本的库。
- TextBlob：为进行普通自然语言处理任务提供一致的 API。
- TextGrocery：一简单高效的短文本分类工具，基于 LibLinear 和 Jieba。

Python 第三方库资源（二）

参考文献

[1] 董付国. Python 程序设计 [M]. 2 版. 北京：清华大学出版社，2016.

[2] 杨佩璐，宋强. Python 宝典 [M]. 北京：电子工业出版社，2014.

[3] MATTHES E. Python 编程从入门到实践 [M]. 北京：人民邮电出版社，2016.

[4] CHUN W. Python 核心编程 [M]. 3 版. 北京：人民邮电出版社，2016.

[5] LUTZ M. Python 学习手册 [M]. 4 版. 北京：机械工业出版社，2011.

[6] 杨长兴. Python 程序设计教程 [M]. 北京：中国铁道出版社，2016.

[7] 邓英，夏帮贵. Python 3 基础教程 [M]. 北京：人民邮电出版社，2016.

[8] 嵩天. 全国计算机等级考试二级教程——Python 语言程序设计 [M]. 北京：高等教育出版社，2018.